高等数学同步练习与测试

主 编　李　路　王国强

副主编　方　涛　吴隋超

U0377517

东华大学出版社
·上海·

内容简介

本书为配合"高等数学"课程的教学编写,将教学内容分为一元微积分(上、下)和多元微积分(上、下)四部分(篇),包括高等数学课程的同步练习和测试,适合普通高等学校工科各专业学生选用。同步练习与教学进度同步,包含同步练习 A 和 B 各八十套,同步练习 B 较 A 难度高。本书部分题目选自历年考研真题。每篇末安排两个同步测试,主要选自上海工程技术大学历年考试真题,供同学们检验自己的学习效果和复习时使用。

图书在版编目(CIP)数据

高等数学同步练习与测试/李路,王国强主编. —上海:东华大学出版社,2018.9

ISBN 978-7-5669-1426-2

Ⅰ.①高… Ⅱ.①李… ②王… ③方… Ⅲ.①高等数学-高等学校-习题集 Ⅳ.①O13-44

中国版本图书馆 CIP 数据核字(2018)第 137991 号

责任编辑	杜亚玲	
文字编辑	刘红梅	
封面设计	王亚亚	樊志鹏

高等数学同步练习与测试

主　　编　李　路　王国强

出 版 发 行	东华大学出版社(上海市延安西路 1882 号 邮政编码:200051)
出版社网址	http://dhupress.dhu.edu.cn
天猫旗舰店	http://dhdx.tmall.com
营 销 中 心	021-62193056　62373056　62379558
印　　刷	上海锦良印刷厂有限公司
开　　本	889 mm×1 194 mm　　1/16
印　　张	12.75
字　　数	350 千字
版　　次	2018 年 9 月第 1 版
印　　次	2023 年 7 月第 5 次印刷
书　　号	ISBN 978-7-5669-1426-2
定　　价	29.50 元

前　言

"高等数学"课程是工科各专业学生一门必修的重要基础课。

学生通过本课程的学习,可以系统地掌握高等数学基本概念和基本理论,掌握高等数学的基本运算,具有一定的抽象概括能力、逻辑推理能力和数学应用能力,为后续课程学习奠定扎实的数学基础。

《高等数学同步练习与测试》基于上述目的编写,配套教材为清华大学出版社出版的《高等数学》(上、下册)。按照上海工程技术大学一学年四学期(每学期八教学周)的教学安排,本书分为四篇。第一篇一元微积分(上)内容包括:第一章函数、极限与连续,第二章导数与微分,第三章微分中值定理与导数的应用。第二篇一元微积分(下)内容包括:第四章不定积分,第五章定积分及其应用,第六章常微分方程。第三篇多元微积分(上)内容包括:第七章空间解析几何与向量代数,第八章多元函数微分学,第九章重积分。第四篇多元微积分(下)内容包括:第十章曲线积分与曲面积分,第十一章无穷级数。

同步练习与教学进度匹配,每篇有二十套同步练习(A、B)供同学们课后练习以加深和巩固课堂所学知识。同步练习的题型包括选择题、填空题、计算题、证明题和应用题等,题型与考试题型类似。每篇末有两套同步测试题,题目选自上海工程技术大学历年考试真题,供同学检验学习效果和考前训练。

本书由上海工程技术大学数理与统计学院王国强、李路、方涛、吴隋超策划并组织编写。第一篇和第二篇由王国强、方涛负责统稿,第三篇和第四篇由李路负责统稿。参加编写的有:王国强(同步练习1、2、30、31,同步测试一～四),方涛(同步练习3～5、21～23),田明(同步练习6～8、35～37),李宜阳(同步练习9～11、38～40),樊庆端(同步练习12～14、27～29),张居丽(同步练习15～17、32～34),陈晓龙(同步练习18～20、24～26),郑中团(同步练习41～46),胡细(同步练习47～54),沈亦一(同步练习55～60),吴隋超(同步练习61～70),崔文霞(同步练习71～80),李路(同步测试五～八)。江开忠、周雷、李娜完成部分内容的排版。

感谢上海工程技术大学数理与统计学院的领导和全体老师的支持。

由于时间匆忙,书中难免有错误和不当之处,敬请读者批评指正。

编　者

2018 年 6 月

目　录

第一篇

一元微积分 A(上)

第一章　函数、极限与连续

同步练习 1(A)

学号_____　姓名_____　班序号_____

　　主要内容：函数的概念及表示法；函数的有界性、单调性、周期性和奇偶性；复合函数、反函数、分段函数和隐函数的概念；基本初等函数的性质及其图形，初等函数的概念及函数关系的建立．

一、选择题

1. 下列函数 $f(x)$ 与 $g(x)$ 相同的是（　　）．

　(A) $f(x) = e^{\ln x}$，$g(x) = x$．

　(B) $f(x) = |x|$，$g(x) = \sqrt{x^2}$．

　(C) $f(x) = 1$，$g(x) = \sec^2 x - \tan^2 x$．

　(D) $f(x) = \dfrac{x^2 - 1}{x - 1}$，$g(x) = x + 1$．

2. 下列命题错误的是（　　）．

　(A) 函数有界的充分必要条件是既有上界，又有下界．

　(B) 函数 $f(x) = x^3$ 在定义域内单调递增．

　(C) 函数 $f(x) = \ln(x + \sqrt{x^2 + 1})$ 是奇函数．

　(D) 周期函数一定有最小正周期．

二、填空题

1. 设函数 $f(x) = \arcsin(3x - 2) + \ln(2x - 1)$，则其自然定义域为_____．

2. 设函数 $y = \dfrac{1 - x}{1 + x}$，则其反函数为 $y =$ _____．

三、综合题

1. 设函数 $\varphi(x) = \begin{cases} |\sin x|, & |x| < \dfrac{\pi}{2}, \\ 0, & |x| \geqslant \dfrac{\pi}{2}, \end{cases}$ 求 $\varphi\left(\dfrac{\pi}{6}\right)$，$\varphi\left(\dfrac{\pi}{4}\right)$，$\varphi\left(-\dfrac{\pi}{3}\right)$ 与 $\varphi(-3)$，并作出函数 $y = \varphi(x)$ 的图形．

2. 将下列复合函数分解成基本初等函数．

(1) $y = (\arcsin e^x)^2$．

(2) $y = \sqrt[3]{1 + \ln^2 x}$．

四、应用题

　　根据第六次人口普查，截止到 2010 年 11 月 1 日零时，我国不含港、澳、台地区的人口总数为 13.397 25 亿，此前 10 年间的人口平均增长率为 0.57%．若增长率不变，再过 10 年、20 年我国人口总数将是多少？

同步练习 2(A)

学号_____ 姓名_____ 班序号_____

主要内容：数列极限的概念及其性质；函数极限的概念及其性质，左极限和右极限的概念及函数极限存在与左极限、右极限之间的关系.

一、选择题

1. 函数 $f(x)$ 当 $x \to x_0$ 时的左极限 $f(x_0^-)$ 与右极限 $f(x_0^+)$ 存在且相等是极限 $\lim\limits_{x \to x_0} f(x)$ 存在的（ ）.

  （A）充分条件.   （B）必要条件.

  （C）充要条件.   （D）无关条件.

二、填空题

1. 设函数 $f(x) = \begin{cases} ax^2, & x \leqslant 1, \\ 2x+1, & x > 1, \end{cases}$ 且 $\lim\limits_{x \to 1} f(x)$ 存在，则 $a = $ _____ .

三、综合题

1. 观测和判别下列数列 $\{x_n\}$ 的一般项 x_n 的变化趋势，是否收敛？如果收敛，写出极限值.

  （1）$x_n = \dfrac{1}{3^n}$.

  （2）$x_n = \dfrac{n+1}{n}$.

  （3）$x_n = \dfrac{(-1)^n}{n}$.

  （4）$x_n = (-1)^n n$.

2. 观测和判别下列函数在相应的自变量的变化趋势下是否收敛，如果收敛，写出极限值.

  （1）$y = \dfrac{x^2 - 9}{x - 3}$，$x \to 3$.

  （2）$y = \dfrac{\sin x}{x}$，$x \to \infty$.

四、证明题

1. 设函数 $f(x) = \begin{cases} x-3, & x < 0, \\ 0, & x = 0, \\ x+3, & x > 0, \end{cases}$ 试证明当 $x \to 0$ 时，函数 $f(x)$ 的极限不存在.

2. 证明 $\lim\limits_{x \to 1}(2x - 1) = 1$.

同步练习 1(B)

学号_____　姓名_____　班序号_____

主要内容:参见同步练习 1(A).

一、选择题

设函数 $f(x) = \begin{cases} 1, & |x| \leqslant 1, \\ 0, & |x| > 1, \end{cases}$

则 $f\{f[f(x)]\} = ($ 　　$)$.

(A) 0.　　　　(B) $\begin{cases} 1, & |x| \leqslant 1, \\ 0, & |x| > 1. \end{cases}$

(C) 1.　　　　(D) $\begin{cases} 0, & |x| \leqslant 1, \\ 1, & |x| > 1. \end{cases}$

二、填空题

设函数 $f(x) = \dfrac{1}{\ln(x-1)} + \sqrt{16 - x^2}$,则其

自然定义域为_____.

三、综合题

将下列复合函数分解成简单函数.

(1) $y = \sqrt[3]{\ln \cos^2 x}$.

(2) $y = \sin^2 \ln(2 + \sqrt{1 + x^2})$.

四、证明题

设函数 $f(x)$ 的定义域为 $(-l, l)$,证明必存在 $(-l, l)$ 上的偶函数 $g(x)$ 与奇函数 $h(x)$,使得 $f(x) = g(x) + h(x)$.

五、应用题

英国人口学家**马尔萨斯**(1766 ～ 1834) 根据百余年的人口统计资料,于 1798 年提出了著名**的人口指数增长模型**,奠定了人口模型的基础.这个模型的基本假设是:单位时间内人口的增长量与当时的人口成正比.假设人口固定增长率为常数 r,初始 t_0 时刻的人口数量为 N_0,则 t 时刻的人口总数为

$$N(t) = N_0 e^{r(t-t_0)}.$$

(1) 根据我国国家统计局1990年10月31日发表的公报,1990 年 7 月 1 日我国人口总数为 11.6 亿,过去 8 年人口平均增长率为 1.48%,利用马尔萨斯的人口指数增长模型计算我国 2000 年人口总数.

(2) 进一步讨论该模型的不足之处.

同步练习 2(B)

学号_____　姓名_____　班序号_____

主要内容：参见同步练习 2(A).

一、选择题

设数列 $\{x_n\}$ 与 $\{y_n\}$ 满足 $\lim\limits_{n\to\infty} x_n y_n = 0$，则下列命题正确的是(　　).

(A) 若 $\{x_n\}$ 发散，则 $\{y_n\}$ 必发散.

(B) 若 $\{x_n\}$ 无界，则 $\{y_n\}$ 必有界.

(C) 若 $\{x_n\}$ 有界，则 $\{y_n\}$ 必为无穷小.

(D) 若 $\left\{\dfrac{1}{x_n}\right\}$ 为无穷小，则 $\{y_n\}$ 必为无穷小.

二、填空题

设函数 $f(x) = \begin{cases} e^{\frac{1}{x}}, & x < 0, \\ a\cos x + 2, & x \geqslant 0, \end{cases}$ 且 $\lim\limits_{x\to 0} f(x)$ 存在，则 $a = $ _____.

三、综合题

1. 观测和判别下列数列 $\{x_n\}$ 的一般项 x_n 的变化趋势，是否收敛?如果收敛，写出极限值.

(1) $x_n = 3 + \dfrac{1}{n^2}$.

(2) $x_n = \dfrac{\sqrt{n^2 + a^2}}{n}$，$a$ 为常数.

(3) $x_n = \dfrac{3^n - 2^n}{5^n}$.

(4) $x_n = [(-1)^n + 1]\dfrac{n-1}{n+1}$.

2. 观测和判别下列函数在相应的自变量的变化趋势下是否收敛，如果收敛，写出极限值.

(1) $y = e^{\frac{1}{x}}$，$x \to 0$.

(2) $y = \dfrac{\cos x}{x}$，$x \to \infty$.

四、证明题

1. 设函数 $y = \arctan x$，试证明当 $x \to \infty$ 时，函数 $y = \arctan x$ 的极限不存在.

2. 证明 $\lim\limits_{x\to 0} \sin\dfrac{1}{x}$ 不存在.

同步练习 3(A)

学号＿＿＿＿＿　姓名＿＿＿＿　班序号＿＿＿＿

主要内容: 极限的四则运算.

一、选择题

1. 下列说法中正确的是(　　　).

(A) 如果 $\lim\limits_{x \to x_0} f(x)$ 存在,但 $\lim\limits_{x \to x_0} g(x)$ 不存在,那么 $\lim\limits_{x \to x_0} [f(x) + g(x)]$ 不存在.

(B) 如果 $\lim\limits_{x \to x_0} f(x)$ 和 $\lim\limits_{x \to x_0} g(x)$ 都不存在,那么 $\lim\limits_{x \to x_0} [f(x) + g(x)]$ 不存在.

(C) 如果 $\lim\limits_{x \to x_0} f(x)$ 存在,但 $\lim\limits_{x \to x_0} g(x)$ 不存在,那么 $\lim\limits_{x \to x_0} [f(x) \cdot g(x)]$ 不存在.

二、计算题

(1) $\lim\limits_{x \to 1} \dfrac{2x+1}{x^2+2x+3}$.

(2) $\lim\limits_{x \to 2} \dfrac{x-2}{x^2-5x+6}$.

(3) $\lim\limits_{h \to 0} \dfrac{(x+h)^2 - x^2}{h}$,其中 x 为常数.

(4) $\lim\limits_{x \to \infty} \left(1 + \dfrac{1}{x}\right)\left(2 - \dfrac{1}{x^2}\right)$.

(5) $\lim\limits_{x \to 1} \left(\dfrac{2}{x^2-1} - \dfrac{1}{x-1}\right)$.

(6) $\lim\limits_{x \to \infty} \dfrac{x^2-2x+5}{3x^2+2x-1}$.

(7) $\lim\limits_{x \to \infty} \dfrac{x^3+2x-1}{x^2-3x+5}$.

(8) $\lim\limits_{x \to +\infty} \dfrac{x^3+1}{\sqrt{x^6+x^4+x}}$.

四、综合题

1. 设 $\lim\limits_{x \to 1} f(x)$ 存在,且

$$f(x) = 2x^2 + 3\lim\limits_{x \to 1} f(x),$$

求函数 $f(x)$.

2. 设极限 $\lim\limits_{x \to 2} \dfrac{x^2-x+a}{x-2} = 3$,求常数 a.

同步练习 4(A)

学号_____ 姓名_____ 班序号_____

主要内容:极限存在的两个准则:单调有界原理和夹逼准则;两个重要极限.

一、选择题

1. 下列极限计算正确的是( ).

(A) $\lim\limits_{x\to\infty}\dfrac{\sin x}{x}=1$.

(B) $\lim\limits_{x\to\infty}x\sin\dfrac{1}{x}=1$.

(C) $\lim\limits_{n\to+\infty}(1+n)^{\frac{1}{n}}=e$.

(D) $\lim\limits_{x\to0^{+}}\left(1+\dfrac{1}{x}\right)^{x}=e$.

二、填空题

1. 极限 $\lim\limits_{x\to0}\dfrac{x+\tan 4x}{x}=$ _____.

2. 若 $\lim\limits_{x\to0}(1+kx)^{\frac{2}{x}}=e^{4}$,则常数 $k=$ _____.

三、计算题

(1) $\lim\limits_{x\to0}\dfrac{\sin 2x}{\sin 3x}$.

(2) $\lim\limits_{x\to0}x\cot 2x$.

(3) $\lim\limits_{n\to\infty}n\sin\dfrac{x}{n}$.

(4) $\lim\limits_{x\to0}\dfrac{x-\sin 2x}{x+\sin 2x}$.

(5) $\lim\limits_{x\to\infty}\left(\dfrac{3+x}{x}\right)^{2x}$.

(6) $\lim\limits_{x\to0}(1-2x)^{\frac{1}{x}}$.

(7) $\lim\limits_{x\to\infty}\left(\dfrac{3+x}{2+x}\right)^{2x}$.

四、综合题

求 $\lim\limits_{n\to\infty}\left(\dfrac{n}{n^{2}+\pi}+\dfrac{n}{n^{2}+2\pi}+\cdots+\dfrac{n}{n^{2}+n\pi}\right)$.

同步练习 3(B)

学号＿＿＿＿＿＿   姓名＿＿＿＿   班序号＿＿＿＿

主要内容: 参见同步练习 3(A).

一、计算题

1. $\lim\limits_{x \to -1} \dfrac{3x+6}{|x^3+x|}$.

2. $\lim\limits_{x \to 2} \dfrac{x-2}{\sqrt{2x+1}-\sqrt{5}}$.

3. $\lim\limits_{n \to \infty} \dfrac{5^n+4^n}{5^n-4^{n+1}}$.

4. $\lim\limits_{n \to \infty} \left(\dfrac{1}{n^2} + \dfrac{2}{n^2} + \cdots + \dfrac{n}{n^2} \right)$.

5. $\lim\limits_{n \to \infty} \left(1 + \dfrac{1}{2} + \dfrac{1}{2^2} + \cdots + \dfrac{1}{2^n} \right)$.

6. $\lim\limits_{x \to +\infty} x(x - \sqrt{1+x^2})$.

7. $\lim\limits_{n \to \infty} \dfrac{(2n+3n^{12})(1+2n)^{10}}{1+n^{20}+3n^{22}}$.

8. $\lim\limits_{x \to 1} \left(\dfrac{3}{x^3-1} - \dfrac{1}{x-1} \right)$.

二、综合题

1. 设极限 $\lim\limits_{x \to x_0} \dfrac{f(x)}{g(x)}$ 存在，且 $\lim\limits_{x \to x_0} g(x) = 0$，证明

$$\lim\limits_{x \to x_0} f(x) = 0.$$

2. 设极限 $\lim\limits_{x \to 2} \dfrac{f(x)-6}{x-2}$ 存在，利用上一题的结论求

$$\lim\limits_{x \to 2} f(x).$$

同步练习 4(B)

学号＿＿＿＿＿　姓名＿＿＿＿　班序号＿＿＿＿

主要内容:参见同步练习 4(A).

一、计算题

1. $\lim\limits_{x \to a} \dfrac{\sin x - \sin a}{x - a}$.

2. $\lim\limits_{x \to \pi} \dfrac{\sin x}{x - \pi}$.

3. $\lim\limits_{n \to \infty} 2^n \sin \dfrac{x}{2^n}$,其中 x 为非零常数.

4. $\lim\limits_{x \to 0} \dfrac{1 - \cos 2x}{x \sin x}$.

5. $\lim\limits_{x \to \infty} \left(\sin \dfrac{1}{x} + \cos \dfrac{1}{x} \right)^x$.

6. $\lim\limits_{x \to \infty} \left[\dfrac{x^2}{(x-a)(x-b)} \right]^x$.

二、证明题

1. 证明

$$\lim_{n \to \infty} \left(\frac{1}{n^2 + n + 1} + \frac{2}{n^2 + n + 2} + \cdots + \frac{n}{n^2 + n + n} \right) = \frac{1}{2}.$$

2. 设 $0 < x_1 < 9$，$x_{n+1} = \sqrt{x_n(9 - x_n)}$，$n = 1$，$2$，$\cdots$，证明数列 $\{x_n\}$ 的极限存在,并求此极限.

同步练习 5(A)

学号_____　姓名_____　班序号_____

主要内容：无穷小量和无穷大量的概念及其关系；无穷小量的性质及无穷小量的比较；利用等价无穷小求极限.

一、选择题

1. 下列极限计算错误的是(　　).

(A) $\lim\limits_{x\to\infty}\dfrac{\sin x}{x}=0$.

(B) $\lim\limits_{x\to 0}x\sin\dfrac{1}{x}=0$.

(C) $\lim\limits_{x\to\infty}\dfrac{\arctan x}{x}=0$.

(D) $\lim\limits_{x\to 0}\arctan\dfrac{1}{x}=\dfrac{\pi}{2}$.

2. 下列说法正确的是(　　).

(A) 0.000 1 是无穷小量.

(B) 1 000 万是无穷大量.

(C) 无穷大量与无界变量没有区别.

(D) 对应自变量的同一变化趋势，若 $f(x)$ 为无穷大，则 $\dfrac{1}{f(x)}$ 为无穷小.

3. 当 $x\to 0^{+}$ 时，与 $\sqrt{x}$ 等价的无穷小量是(　　).

(A) $1-e^{\sqrt{x}}$.　　　　　(B) $1-\cos\sqrt{x}$.

(C) $\sqrt{1+\sqrt{x}}-1$.　　(D) $\ln\dfrac{1+x}{1-\sqrt{x}}$.

二、计算题

(1) $\lim\limits_{x\to 0}\dfrac{\tan 5x}{\sin x}$.

(2) $\lim\limits_{x\to 0}\dfrac{x\ln(1+x)}{1-\cos x}$.

(3) $\lim\limits_{x\to 0}\dfrac{\sqrt{1+\sin x}-1}{\arcsin x}$.

(4) $\lim\limits_{x\to 0}\dfrac{\tan x-\sin x}{x^{3}}$.

四、综合题

1. 证明当 $x\to 0$ 时，$\sec x-1\sim\dfrac{x^{2}}{2}$.

2. 当 $x\to 0$ 时，$x\sin x^{n}$ 是 $e^{x^{2}}-1$ 的高阶无穷小，是 $(1-\cos x)\ln(1+x^{2})$ 的低阶无穷小，求正整数 n.

同步练习 6(A)

学号_____　姓名_____　班序号_____

　　主要内容：函数连续的概念；函数间断点的类型；初等函数的连续性.

一、选择题

1. 函数 $f(x)$ 在点 x_0 处的极限存在是函数在该点连续的(　　).

　　(A) 必要条件.　　　　(B) 充分条件.

　　(C) 充要条件.　　　　(D) 无关条件.

2. 设函数 $f(x)=\begin{cases}\dfrac{e^x-1}{x}, & x\neq 0,\\ 2, & x=0\end{cases}$ 则 $x=0$ 是函数 $f(x)$ 的(　　).

　　(A) 连续点.

　　(B) 跳跃间断点.

　　(C) 可去间断点.

　　(D) 无穷间断点.

二、填空题

1. 已知函数 $f(x)=\begin{cases}x^2-3, & x\leqslant 0,\\ 5x+b, & x>0\end{cases}$ 在 $x=0$ 处连续，则 $b=$ _____.

2. 已知函数 $f(x)=\lim\limits_{n\to\infty}\dfrac{(n-1)x}{nx^2+1}$，则 $f(x)$ 的间断点为 $x=$ _____.

三、综合题

1. 指出下列函数间断点的类型，如果是可去间断点，那么补充或改变函数的定义使它连续.

　　(1) $f(x)=\begin{cases}\dfrac{x^2-9}{x-3}, & x\neq 3,\\ 5, & x=3.\end{cases}$

　　(2) $f(x)=\dfrac{x^2-4}{x^2-5x+6}.$

2. 设函数 $f(x)=\begin{cases}\dfrac{pe^x+q}{x}, & x\neq 0,\\ 1, & x=0\end{cases}$ 在 $x=0$ 处连续，求常数 p、q 的值.

同步练习 5(B)

学号_____　姓名_____　班序号_____

主要内容:参见同步练习 5(A).

一、选择题

1. 设数列的通项为

$$x_n = \begin{cases} \dfrac{n^2+\sqrt{n}}{n}, & \text{若 } n \text{ 为奇数,} \\[3mm] \dfrac{1}{n}, & \text{若 } n \text{ 为偶数,} \end{cases}$$

则当 $n \to \infty$ 时,x_n 是(　　).

(A) 无穷大量.

(B) 无穷小量.

(C) 有界变量.

(D) 无界变量.

2. 设 $\cos x - 1 = x\sin \alpha(x)$,其中 $|\alpha(x)| < \dfrac{\pi}{2}$,则

当 $x \to 0$ 时,$\alpha(x)$ 是(　　).

(A) 比 x 的高价无穷小.

(B) 比 x 的低价无穷小.

(C) 与 x 同阶但不等价的无穷小.

(D) 与 x 等价的无穷小.

3. 当 $x \to 0^+$ 时,若 $\ln^\alpha(1+2x)$,$(1-\cos x)^{\frac{1}{\alpha}}$ 均是

x 的高价无穷小,则 α 的取值范围(　　).

(A) $(2, +\infty)$.　　　(B) $(1, 2)$.

(C) $\left(\dfrac{1}{2}, 1\right)$.　　　(D) $\left(0, \dfrac{1}{2}\right)$.

三、利用等价无穷小替换求下列极限

1. $\lim\limits_{x \to 0} \dfrac{\sin(x^n)}{(\sin x)^m}$,其中 m、n 为正整数.

2. $\lim\limits_{x \to 0} \dfrac{3^x+4^x-2}{x}$.

3. $\lim\limits_{x \to 1} \dfrac{e^x - e}{x-1}$.

4. $\lim\limits_{x \to a} \dfrac{\ln x - \ln a}{x-a}$,其中 $a > 0$.

5. $\lim\limits_{x \to 0} \dfrac{\sin x - \tan x}{(\sqrt[3]{1+x^2}-1)(\sqrt{1+\sin x}-1)}$.

同步练习 6(B)

学号＿＿＿＿＿＿　姓名＿＿＿＿＿　班序号＿＿＿＿＿

主要内容：参见同步练习 6(A).

一、选择题

1. 设函数 $f(x)$ 与 $g(x)$ 在 $(-\infty, +\infty)$ 内有定义，且它们各有唯一的间断点，则 $f(x) + g(x)$ 的间断点有几个（　　）.

(A) 1 个.

(B) 2 个.

(C) 0 个.

(D) 以上均有可能.

2. 设 $x = x_0$ 是函数 $f(x)$ 的可去间断点，则下列结论正确的是（　　）.

(A) $f(x)$ 在 x_0 处左、右极限至少有一个不存在.

(B) $f(x)$ 在 x_0 处左、右极限存在，但不相等.

(C) $f(x)$ 在 x_0 处左、右极限存在相等.

(D) $f(x)$ 在 x_0 处左、右极限都等于 $f(x_0)$.

3. 设函数 $f(x)$ 在 x_0 连续，则 $\sin[f^2(x)]$ 在 x_0 处（　　）.

(A) 连续.

(B) 可能无定义.

(C) 间断.

(D) 可能连续，也可能间断.

二、填空题

1. 设函数 $f(x) = (1-x)^{\frac{1}{x}}$，要使 $f(x)$ 在 $x = 0$ 处连续，则应补充定义 $f(0) = $ ＿＿＿＿＿＿＿.

2. 设函数 $f(x) = \dfrac{\pi^x - b}{(x-a)(x-b)}$，$x = \pi$ 为 $f(x)$ 的无穷间断点，$x = 1$ 为 $f(x)$ 的可去间断点，则常数 $a = $ ＿＿＿＿＿＿，$b = $ ＿＿＿＿＿＿.

三、综合题

1. 讨论函数 $f(x) = \begin{cases} \dfrac{1}{1+e^{\frac{1}{x}}}, & x \neq 0, \\ 0, & x = 0 \end{cases}$ 在 $x = 0$ 处的左、右连续性.

2. 设 a, b 为常数，且函数

$$f(x) = \lim_{n \to +\infty} \frac{x^{2n-1} + ax^2 + bx}{1 + x^{2n}}, \quad x \in (-\infty, +\infty).$$

(1) 试写出函数 $f(x)$ 的解析式；

(2) 试确定 a, b 的值，使得 $f(x)$ 在 $(-\infty, +\infty)$ 内连续.

同步练习 7(A)

学号_____　姓名_____　班序号_____

主要内容:闭区间上连续函数的性质.

一、证明题

1. 证明方程 $x^5 - 5x - 1 = 0$ 在开区间$(1, 2)$ 内至少有一个根.

2. 设函数 $f(x)$ 在闭区间$[a, b]$ 上连续,且

$$a < x_1 < x_2 < \cdots < x_n < b, \ n \geqslant 3,$$

则在闭区间(x_1, x_n) 内至少存在一点 ξ 使得

$$f(\xi) = \frac{f(x_1) + f(x_2) + \cdots + f(x_n)}{n}.$$

3. 设函数 $f(x)$ 在闭区间$[a, b]$ 上连续,且 $f(x)$ 在闭区间$[a, b]$ 上没有零点,证明 $f(x)$ 在$[a, b]$ 上不变号.

同步练习 8(A)

学号_____　姓名_____　班序号_____

主要内容：函数与极限综合练习，主要包括：函数的概念；数列极限与函数的极限；函数的连续性等内容.

一、选择题

1. 无穷小量是(　　).

（A）比 0 稍大一点的数.

（B）一个很小的数.

（C）以 0 为极限的变量.

（D）常数 0.

2. 设 $\lim\limits_{x\to 0}\dfrac{f(x)}{x}=0$ 且 $f(0)=1$，则(　　).

（A）$f(x)$ 在 $x=0$ 处不连续.

（B）$\lim\limits_{x\to 0}f(x)$ 不存在.

（C）$f(x)$ 在 $x=0$ 处连续.

（D）$\lim\limits_{x\to 0}f(x)=1$.

3. 下列运算正确的是(　　).

（A）$\lim\limits_{x\to 0}\sin x\cos\dfrac{1}{x}=0\cdot\lim\limits_{x\to 0}\cos\dfrac{1}{x}=0$.

（B）$\lim\limits_{x\to 0}\dfrac{\tan x-\sin x}{x^3}=\lim\limits_{x\to 0}\dfrac{x-x}{x^3}=\lim\limits_{x\to 0}0=0$.

（C）$\lim\limits_{x\to\infty}\dfrac{\sin x+2}{x}=\lim\limits_{x\to\infty}\dfrac{\sin x}{x}+\lim\limits_{x\to\infty}\dfrac{2}{x}=0$.

（D）$\lim\limits_{x\to\pi}\dfrac{\tan 3x}{\sin 5x}=\lim\limits_{x\to\pi}\dfrac{3x}{5x}=\dfrac{3}{5}$.

二、填空题

1. 函数 $f(x)=\sqrt{16-x^2}+\arcsin\dfrac{2x-1}{7}$ 的定义域为_____.

2. 设函数 $f(x)=\begin{cases}\dfrac{1}{x}\sin\dfrac{x}{3}, & x\neq 0\\[2mm] a, & x=0\end{cases}$，在 $(-\infty,+\infty)$ 上连续，则 $a=$_____.

3. 设 $\lim\limits_{n\to\infty}\dfrac{kn^2+bn+1}{2n-3}=1$，则 $k=$_____，$b=$_____.

三、计算题

1. $\lim\limits_{x\to 1}\sqrt{\dfrac{\sin(\ln x)}{\ln x}}$.

2. $\lim\limits_{x\to\infty}\dfrac{2x^2-3x-4}{\sqrt{x^4+1}}$.

3. $\lim\limits_{x\to+\infty}x(\sqrt{x^2+1}-x)$.

4. $\lim\limits_{x\to 0}\dfrac{\sqrt{1+\tan x}-\sqrt{1+\sin x}}{\sqrt{1+x\sin^2 x}-1}$.

5. $\lim\limits_{x\to 0}\dfrac{2\sin x-\sin 2x}{3x^3}$.

四、综合题

设 $\lim\limits_{x\to 1}f(x)$ 存在，且

$$f(x)=x^2+3x+2\lim\limits_{x\to 1}f(x),$$

求 $\lim\limits_{x\to 1}f(x)$ 和函数 $f(x)$.

同步练习 7(B)

学号_____ 姓名_____ 班序号_____

主要内容:参见同步练习 7(A).

一、证明题

1. 设函数 $f(x)$ 在 $(-\infty, +\infty)$ 内连续,且 $f[f(x)] = x$. 证明至少存在一点 $\xi \in (-\infty, +\infty)$ 使得 $f(\xi) = \xi$.

2. 设函数 $f(x)$ 在 $(-\infty, +\infty)$ 内有定义,在 $x = 0$ 处连续,且对任意的 $x, y \in (-\infty, +\infty)$,有

$$f(x+y) = f(x)f(y).$$

证明 $f(x)$ 在 $(-\infty, +\infty)$ 内连续.

3. 求证方程 $x + p + q\cos x = 0$ 至少有一实根(p、q 为常数,$0 < q < 1$)

同步练习 8(B)

学号_____　姓名_____　班序号_____

主要内容: 参见同步练习 8(A).

一、选择题

1. 设函数 $f(x) = 2^x + 3^x - 2$,则当 $x \to 0$ 时,有( ).

(A) $f(x)$ 与 x 是等价无穷小.

(B) $f(x)$ 与 x 是同阶但非等价无穷小.

(C) $f(x)$ 是比 x 高阶的无穷小.

(D) $f(x)$ 是比 x 低阶的无穷小.

2. 下列命题正确的是( ).

(A) 两无穷大之和为无穷大.

(B) 无穷多个无穷小量之和为有界量.

(C) $\lim\limits_{x \to x_0} f(x)$ 存在充要条件是 $\lim\limits_{x \to x_0^-} f(x)$ 与 $\lim\limits_{x \to x_0^+} f(x)$ 均存在.

(D) $f(x)$ 在点 x_0 处连续的充要条件是 $f(x)$ 在 x_0 处既左连续又右连续.

3. 设函数 $f(x) = \dfrac{2 + e^{1/x}}{1 - e^{2/x}} + \dfrac{x}{|x|}$,则 $x = 0$ 是 $f(x)$ 的( ).

(A) 可去间断点.　　(B) 跳跃间断点.

(C) 第二类间断点.　(D) 连续点.

4. 设函数 $f(x) = \dfrac{\sqrt{1 + x^2}}{x}$,则 $\lim\limits_{x \to \infty} f(x) = ($ 　).

(A) 1.　　　　　　　　(B) 0.

(C) -1.　　　　　　(D) 不存在.

二、填空题

1. 函数 $f(x) = \dfrac{\sqrt{2x - 5}}{\ln(x - 2)}$ 的连续区间为_____.

2. 极限 $\lim\limits_{x \to +\infty} \dfrac{5x\sin x - \cos x + 1}{3x^2 - 2x} = $ _____.

3. 若 $\lim\limits_{x \to +\infty} \left(\dfrac{x + 2}{x + 1} \right)^{ax} = e^2$,则 $a = $ _____.

三、计算题

1. $\lim\limits_{x \to \infty} \dfrac{x\sin x}{\sqrt{1 + x^2}} \arctan \dfrac{1}{x}$.

2. $\lim\limits_{x \to 0^+} \dfrac{1 - \sqrt{\cos x}}{x(1 - \cos\sqrt{x})}$.

3. $\lim\limits_{x \to +\infty} \left[\sqrt{(x + p)(x + q)} - x \right]$.

4. $\lim\limits_{x \to e} \dfrac{\ln x - 1}{x - e}$.

第二章　导数与微分

同步练习 9(A)

学号_____　　姓名_____　　班序号_____

主要内容：导数的概念；导数的几何意义.

一、选择题

1. 函数 $f(x)$ 在点 a 处可导的充分必要条件是（　　）.

(A) $f'_+(a) = f'_-(a)$.

(B) $\lim\limits_{x \to a^-} f(x) = \lim\limits_{x \to a^+} f(x)$.

(C) $f(x)$ 在点 a 处的左、右导数都存在.

(D) $f(x)$ 在点 a 处的某个邻域内有界.

2. 函数 $f(x)$ 在点 x_0 处连续是 $f(x)$ 在点 x_0 处可导的（　　）.

(A) 必要非充分条件.

(B) 充分必要条件.

(C) 充分非必要条件.

(D) 既非充分也非必要条件.

3. 函数 $f(x) = |x|$ 在点 $x = 0$ 处（　　）.

(A) 连续且可导.

(B) 连续但不可导.

(C) 不连续也不可导.

(D) 可导但不连续.

二、填空题

1. 设函数 $f(x)$ 可导，且 $f'(2) = 2$，则

$$\lim_{\Delta x \to 0} \frac{f(2 - 3\Delta x) - f(2)}{\Delta x} = \underline{\hspace{3cm}}.$$

2. 变速直线运动的物体路程（米）与时间（秒）的函数为 $s(t) = t^2 - 2t + 1$，则物体在 3 秒时的瞬时速度为_____米／秒.

三、综合题

1. 设函数 $f(x) = \begin{cases} e^x, & x \leqslant 0, \\ ax + 1, & x > 0, \end{cases}$ 问当 a 为何值时，$f'(0)$ 存在.

2. 求曲线 $y = \dfrac{1}{x}$ 在点 $\left(2, \dfrac{1}{2}\right)$ 处的切线方程和法线方程.

四、证明题

证明双曲线 $xy = a^2$ 上任一点处的切线与两坐标轴构成的三角形的面积都等于 $2a^2$.

同步练习 10(A)

学号_____　姓名_____　班序号_____

主要内容:函数的求导法则.

一、填空题

1. 设函数 $f(x) = \sqrt{x} + \dfrac{1}{x}$,则 $f'(x) =$ _____.

2. $\left(\dfrac{x^2 \cdot \sqrt[3]{x}}{\sqrt{x}} \right)' =$ _____.

3. 设 $f(x)$ 可导,则 $y = \ln f(x)$ 的导数等于_____.

二、计算题

1. 求下列函数的导数.

(1) $f(x) = \dfrac{3}{x^2} + \dfrac{x^3}{3}$,求 $f'(1)$.

(2) $y = \tan x + \sec x - \arctan x$.

(3) $y = x^2 e^x + \dfrac{\sin x}{x} - \ln 2$.

(4) $y = \ln(1 + x^2)$.

(5) $y = \arctan \sqrt{e^x - 1}$.

(6) $y = x^{\sin x} (x > 0)$.

(7) $y = (e^x - x)^2$.

2. 设 $f(x)$ 可导,求 $y = f(x^2) + f^2(x)$ 的导数.

同步练习 9(B)

学号_____ 姓名_____ 班序号_____

主要内容:参见同步练习 9(A).

一、选择题

1. 设函数 $f(x)$ 在点 x_0 处可导, $g(x)$ 在点 x_0 处不可导, 则 $f(x)+2g(x)$ 在 x_0 处(　　).

(A) 不可导.

(B) 可导.

(C) 连续.

(D) 不连续.

2. 要使函数 $f(x)=\begin{cases} x^k\sin\dfrac{1}{x}, & x\neq 0, \\ 0, & x=0 \end{cases}$ 的导函数在 $x=0$ 处连续, 则(　　).

(A) $k=0$.

(B) $k=1$.

(C) $k=2$.

(D) $k>2$.

二、填空题

1. 设函数 $f(x)$ 可导, 且 $f'(2)=2$, 则

$$\lim_{t\to 0}\frac{f(2-t)-f(2+t)}{t}=\underline{\qquad\qquad}.$$

2. 设函数 $f(x)$ 为奇函数, 且 $f'(x_0)=2$, 则

$$f'(-x_0)=\underline{\qquad\qquad}.$$

三、综合题

1. 设函数 $f(x)$ 在 $x=5$ 处连续, 且 $\lim\limits_{x\to 5}\dfrac{f(x)}{x-5}=1$, 求 $f(5)$ 和 $f'(5)$.

2. 设函数 $f(x)=\begin{cases} 2e^x+a, & x<0, \\ x^2+bx+1, & x\geqslant 0, \end{cases}$ 问 a、b 为何值时,

(1) $f(x)$ 在 $x=0$ 处连续.

(2) $f(x)$ 在 $x=0$ 处可导.

四、证明题

设函数 $f(x)$ 为偶函数, 且 $f'(0)$ 存在, 证明 $f'(0)=0$.

同步练习 10(B)

学号_____ 姓名_____ 班序号_____

主要内容:参见同步练习 10(A).

一、填空题

1. 设 $f(x) = \dfrac{1+\sqrt{x}}{1-\sqrt{x}}$,则 $f'(2) = $ _____.

2. 设函数 $f(x) = \sqrt{x+\sqrt{x}}$,则 $f'(x) = $ _____.

二、计算题

1. 求下列函数的导数.

(1) 设 $y = x\arctan\dfrac{x}{2} + \ln\sqrt{4-x^2} + \sin 2$,求 y'.

(2) $y = \ln(x+\sqrt{1+x^2})$,求 y'.

(3) 设 $f(x)$ 可导,求 $y = \sqrt{1-\mathrm{e}^{f(x)}}$ 的导数.

三、证明题

1. 设函数 $f(x)$ 为偶函数且可导,利用导数定义证明:$f'(x)$ 为奇函数.

2. 设函数 $f(x)$ 对任意的实数 x_1,x_2 有 $f(x_1+x_2) = f(x_1)f(x_2)$,且 $f'(0) = 1$,试证 $f'(x) = f(x)$.

同步练习 11(A)

学号_____ 姓名_____ 班序号_____

主要内容:高阶导数.

一、填空题

1. $(\sin x)'' =$ _____.

2. $(\ln x)'' =$ _____.

3. $(e^x)^{(n)} =$ _____.

4. $(x^{99})^{(100)} =$ _____.

5. 设质点的运动方程为 $s = t^3 + 1$,则质点在 $t = 1$
时刻的加速度_____.

二、计算题

1. 设 $y = x \ln x$,求 y''.

2. $y = e^x \cos x$,求 y''.

3. 设 $f(x)$ 二阶可导,$y = f^2(x)$,求 y''.

4. 设 $f(x)$ 二阶可导,$y = \sin f(x)$,求 y''.

5. 设 $y = (1-x)^{100}$,计算 $y^{(100)}$.

三、应用题

设质点沿 x 轴运动的速度为 $\dfrac{\mathrm{d}x}{\mathrm{d}t} = f(x)$,求质
点运动的加速度.

同步练习 12(A)

学号_____　姓名_____　班序号_____

主要内容:由参数方程所确定的函数的导数.

一、填空题

1. 设 $\begin{cases} x = 2t - t^2, \\ y = 3t - t^3, \end{cases}$ 则 $\dfrac{\mathrm{d}y}{\mathrm{d}x} = $ _____.

2. 设 $\begin{cases} x = \cos t, \\ y = \sin t, \end{cases}$ 则 $\dfrac{\mathrm{d}y}{\mathrm{d}x} = $ _____.

3. 曲线 $\begin{cases} x = 1 + 2e^t, \\ y = 1 + e^{-t} \end{cases}$ 在点 $(3, 2)$ 处的法线方程为

_____.

二、计算题

1. 求下列参数方程所确定的函数 $y = y(x)$ 的一阶导数 $\dfrac{\mathrm{d}y}{\mathrm{d}x}$.

(1) $\begin{cases} x = e^t \cos t, \\ y = e^t \sin t. \end{cases}$

(2) $\begin{cases} x = \arcsin t, \\ y = \sqrt{1 - t^2}. \end{cases}$

(3) $\begin{cases} x = t - \ln(1 + t^2), \\ y = \arctan t. \end{cases}$

2. 求由参数方程 $\begin{cases} x = \sin t, \\ y = t\sin t + \cos t, \end{cases}$ 所确定的函数 $y = y(x)$ 的一阶导数 $\dfrac{\mathrm{d}y}{\mathrm{d}x}$ 和二阶导数 $\dfrac{\mathrm{d}^2 y}{\mathrm{d}x^2}$.

三、应用题

求摆线 $\begin{cases} x = t - \sin t, \\ y = 1 - \cos t \end{cases}$ 在 $t = \dfrac{\pi}{2}$ 相应点处的切线与法线方程.

同步练习 11(B)

学号_____　　姓名_____　　班序号_____

主要内容: 参见同步练习 11(A).

一、选择题

已知函数 $f(x)$ 具有任意阶导数,且 $f'(x) = [f(x)]^2$,则当 $n > 2$ 时,$f^{(n)}(x) = ($　　$)$.

(A) $n! [f(x)]^{n+1}$.　　(B) $n [f(x)]^{n+1}$.

(C) $[f(x)]^{2n}$.　　(D) $n! [f(x)]^{2n}$.

二、填空题

1. $(\sin kx)^{(4)} = $ _____.

2. $\left(\dfrac{1}{x}\right)^{(n)} = $ _____.

3. 设 $f(x) = \arctan x$,求 $f'''(0) = $ _____.

4. $\left(\dfrac{1}{2-x}\right)^{(99)} = $ _____.

三、计算题

1. $y = x^2 \ln x$,求 y''.

2. 已知 $\dfrac{\mathrm{d}x}{\mathrm{d}y} = \dfrac{1}{y}$,求 $\dfrac{\mathrm{d}^2 x}{\mathrm{d}y^2}$.

3. 设 $f(x)$ 二阶可导,$y = f(x^e + e^x)$,求 y''.

四、应用题

设质点的运动规律为 $s = A\sin \omega t$(A,ω 是常数),求物体运动的加速度,并证明:

$$\frac{\mathrm{d}^2 s}{\mathrm{d}t^2} + \omega^2 s = 0.$$

同步练习 12(B)

学号_____ 姓名_____ 班序号_____

主要内容: 参见同步练习 12(A).

一、填空题

设 $\begin{cases} x = \ln \cos t, \\ y = \sin t - t\cos t, \end{cases}$ 则 $\dfrac{\mathrm{d}y}{\mathrm{d}x} = $ _____,

$\dfrac{\mathrm{d}^2 y}{\mathrm{d}x^2}\bigg|_{t=\frac{\pi}{4}} = $ _____.

二、计算题

求下列参数方程所确定的函数 $y = y(x)$ 的一阶导数 $\dfrac{\mathrm{d}y}{\mathrm{d}x}$ 和二阶导数 $\dfrac{\mathrm{d}^2 y}{\mathrm{d}x^2}$:

(1) $\begin{cases} x = t + \dfrac{1}{t}, \\ y = t - \dfrac{1}{t}. \end{cases}$

(2) $\begin{cases} x = t - \ln(1+t), \\ y = t^2 + 1. \end{cases}$

三、应用题

1. 已知椭圆的参数方程为 $\begin{cases} x = a\cos t, \\ y = b\sin t, \end{cases}$ 求椭圆在 $t = \dfrac{\pi}{4}$ 相应点的切线方程与法线方程.

2. 一抛射体运动轨迹的参数方程为 $\begin{cases} x = v_1 t, \\ y = v_2 t - \dfrac{1}{2}gt^2, \end{cases}$ 其中常数 v_1、v_2 分别为水平方向和垂直方向的初速度,常数 g 为重力加速度,求由该参数方程所确定的函数 $y = f(x)$ 的一阶导数 $\dfrac{\mathrm{d}y}{\mathrm{d}x}$ 和二阶导数 $\dfrac{\mathrm{d}^2 y}{\mathrm{d}x^2}$.

同步练习 13(A)

学号_____ 姓名_____ 班序号_____

主要内容:隐函数的导数;相关变化率.

一、计算题

1. 求下列方程所确定的隐函数的一阶导数:

(1) $y^2 - 2xy + 4 = 0$.

(2) $y - \sin x = \cos y$.

2. 设函数 $y = y(x)$ 由方程 $y = x^2 + xe^y$ 确定,求 y'' 以及 $y''|_{x=0}$.

二、应用题

1. 求椭圆 $\dfrac{x^2}{4} + \dfrac{y^2}{9} = 1$ 上点 $\left(\sqrt{2}, \dfrac{3\sqrt{2}}{2}\right)$ 处的切线方程和法线方程.

2. 如果球的半径以 5 cm/s 的速度增加,则当半径为 50 cm 时,球的表面积和体积的增加率分别为多少?

同步练习 14(A)

学号_____ 姓名_____ 班序号_____

主要内容：函数微分的概念；微分的计算与应用.

一、选择题

1. 设函数 $y = f(x)$ 在点 x_0 处可微,则 $f(x)$ 在点 x_0 处( ).

(A) 不可导.   (B) 可导.

(C) 不连续.   (D) 连续但不可导.

2. 设函数 $y = f(x)$ 在点 x_0 处有增量 $\Delta x = 0.2$,对应的函数增量的主部等于 0.8,则 $f'(x_0) =$ ( ).

(A) -4.   (B) 0.16.

(C) 4.   (D) 1.6.

3. 设函数 $y = f(e^{2x})$,则 $dy = ($).

(A) $2f'(e^{2x})dx$.   (B) $f'(e^{2x})dx$.

(C) $2e^{2x}f'(e^{2x})dx$.   (D) $e^{2x}f'(e^{2x})dx$.

二、填空题

1. 将适当的函数填入括号：

(1) $d(\underline{\hspace{2cm}}) = 3x^2 dx$.

(2) $d(\underline{\hspace{2cm}}) = \cos x dx$.

(3) $d(\underline{\hspace{2cm}}) = \dfrac{1}{x} dx$.

(4) $d(\underline{\hspace{2cm}}) = \sec^2 x dx$.

(5) $d(\underline{\hspace{2cm}}) = \dfrac{1}{1+x^2} dx$.

(6) $d(\underline{\hspace{2cm}}) = \dfrac{1}{\sqrt{1-x^2}} dx$.

2. 设函数 $y = f(\sin^2 x)$ 且 $f(x)$ 可导,则 $dy = \underline{\hspace{3cm}} dx$.

三、计算题

求下列函数的微分.

(1) $y = x\sin x + \sqrt{x^2 - 9} + 2\,018$.

(2) $y = x\sqrt{1-x^2} + \arcsin x$.

(3) $y = \ln(x + \sqrt{x^2 + a^2})$.

四、应用题

一个半径为 20 厘米金属圆片,加热后半径增大了 0.05 厘米,则其面积增大了多少?

同步练习 13(B)

学号_____　姓名_____　班序号_____

主要内容:参见同步练习 13(A).

一、填空题

设函数 $y = f(x)$ 由方程 $e^{3x+2y} - xy = \sin x + 1$

确定,则 $\dfrac{dy}{dx}\Big|_{x=0} =$ _____.

二、计算题

1. 设函数 $y = y(x)$ 由方程 $y - xe^y = 1$ 确定,求
$y''\big|_{x=0}$.

2. 设 $y = x^{\sin x}(x > 0)$,求 y'.

3. 设 $\begin{cases} x = 2t^2 + t, \\ e^y \sin t - y + 1 = 0, \end{cases}$ 求 $\dfrac{dy}{dx}\Big|_{t=0}$.

三、综合题

1. 设函数 $y = f(x)$ 由方程 $y - x = e^{x(1-y)}$ 确定,求
$\lim\limits_{n \to \infty} n\left(f\left(\dfrac{1}{n}\right) - 1\right)$.

2. 雨滴在高空下落的时候,表面不断蒸发,体积逐渐减少.设雨滴始终保持球体形状,若体积的减少率与表面积成正比,比例系数为 $k(k > 0)$,试证其半径的减少率为常数.

同步练习 14(B)

学号＿＿＿＿＿　姓名＿＿＿＿　班序号＿＿＿＿

主要内容: 参见同步练习 14(A).

一、选择题

1. 设函数 $y = f(x)$ 在点 x_0 处可微,且 $f'(x_0) \neq 0$,则当 $\Delta x \to 0$ 时,$f(x_0 + \Delta x) \approx$ (　　).

(A) $f(x_0)$.

(B) $f'(x_0)\Delta x$.

(C) Δy.

(D) $f(x_0) + f'(x_0)\Delta x$.

2. 设函数 $y = e^u$,$u = 2x + 1$,则下列结论中错误的是(　　).

(A) $\mathrm{d}y = e^u \mathrm{d}u$.

(B) $\mathrm{d}y = e^{2x+1}\mathrm{d}(2x+1)$.

(C) $\mathrm{d}y = 2e^{2x+1}\mathrm{d}x$.

(D) $\mathrm{d}y = e^{2x+1}\mathrm{d}x$.

3. 设函数 $y = f(x)$ 可导且 $f'(x_0) = \dfrac{1}{2}$,则当 $\Delta x \to 0$ 时,$\mathrm{d}y$ 是(　　).

(A) Δx 的等价无穷小.(B) Δx 的低阶无穷小.

(C) Δx 的同阶无穷小.(D) Δx 的高阶无穷小.

二、填空题

(1) $\mathrm{d}(\underline{\hspace{3cm}}) = (x^2 + 1)\mathrm{d}x$.

(2) $\mathrm{d}(\underline{\hspace{3cm}}) = \sin 5x \mathrm{d}x$.

(3) $\mathrm{d}(\underline{\hspace{3cm}}) = \dfrac{1}{x\ln x}\mathrm{d}x$.

(4) $\mathrm{d}(\underline{\hspace{3cm}}) = \dfrac{1}{\sqrt{1 - 3x^2}}\mathrm{d}x$.

(5) $\mathrm{d}(\underline{\hspace{3cm}}) = \dfrac{1}{4 + 3x^2}\mathrm{d}x$.

三、计算题

1. 设函数 $y = \ln f(x^2)$ 且 $f(x)$ 可微,求 $\mathrm{d}y$.

2. 求 $\sin 29°$ 的近似值.

3. 设 $\arctan \dfrac{y}{x} = \ln \sqrt{x^2 + y^2}$,求 $\mathrm{d}y$.

四、应用题

底面半径与高均为 r 的圆柱体,若测量 r 的相对误差为 2‰,求体积计算时的相对误差.

同步练习 15(A)

学号_____ 姓名_____ 班序号_____

主要内容：导数与微分综合练习，主要包括：导数的概念；显函数的导数的计算；隐函数的导数以及由参数方程所确定的函数的导数的计算；高阶导数；微分的概念与计算等内容.

一、选择题

1. 函数 $f(x)$ 在 $x=a$ 的某个邻域内有定义，则 $f(x)$ 在 $x=a$ 处可导的一个充分条件是( ).

(A) $\lim\limits_{h\to+\infty} h\left[f\left(a+\dfrac{1}{h}\right)-f(a)\right]$ 存在.

(B) $\lim\limits_{h\to0} \dfrac{f(a+2h)-f(a+h)}{h}$ 存在.

(C) $\lim\limits_{h\to0} \dfrac{f(a+h)-f(a-h)}{2h}$ 存在.

(D) $\lim\limits_{h\to0} \dfrac{f(a)-f(a-h)}{h}$ 存在.

2. 函数 $f(x)=|x|$ 在 $x=0$ 处( ).

(A) 连续且可导.   (B) 不连续也不可导.

(C) 连续不可导.   (D) 可导不连续.

3. 如果曲线 $y=ax+b$ 与 $y=x^2$ 相切在 $(1,1)$ 点，其中 a,b 为常数，则( ).

(A) $a=-1,\ b=-1$.

(B) $a=2,\ b=-1$.

(C) $a=-2,\ b=3$.

(D) $a=-2,\ b=-1$.

二、填空题

1. 设 $f(x)=x(x+1)(x+2)\cdots(x+n)$，其中 n 为正整数，且 $n\geqslant 2$，则 $f'(0)=$ _____.

2. 一物体的运动规律为 $s(t)=-t^2+2t+1$，则 $t=2$ 时物体的速度 $v(2)=$ _____，加速度 $a(2)=$ _____.

3. 设函数 $y=\mathrm{e}^{\arcsin\sqrt{x}}$，则 $\mathrm{d}y=$ _____.

4. 函数 $y=2x^3-3x^2+1$ 的驻点为_____.

三、计算题

1. 求下列函数的导数：

(1) $y=x\mathrm{e}^x+\dfrac{\ln x}{x}+\sin 2\,018$.

(2) $y=\arctan\dfrac{1+x}{1-x}$.

2. 求函数 $y=\ln(1+x)$ 的 n 阶导数.

第三章　微分中值定理与导数的应用

同步练习 16(A)

学号_____　姓名_____　班序号_____

主要内容：罗尔定理；拉格朗日中值定理；柯西中值定理.

一、选择题

1. "函数 $f(x)$ 在区间上导数为零"是"函数 $f(x)$ 在区间上是常数"的（　　）.

  （A）充分条件.

  （B）必要条件.

  （C）充分必要条件.

  （D）以上都不是.

2. 函数 $f(x) = \dfrac{x+1}{2x}$ 满足拉格朗日中值定理条件的区间是（　　）.

  （A）$[1, 2]$.

  （B）$[-2, 2]$.

  （C）$[-2, 0]$.

  （D）$[0, 1]$.

3. 在下列四个函数中，在 $[-1, 1]$ 上满足罗尔定理条件的函数是（　　）.

  （A）$y = 8 \mid x \mid + 1$.

  （B）$y = 4x^2 + 1$.

  （C）$y = \dfrac{1}{x^2}$.

  （D）$y = \mid \sin x \mid$.

二、填空题

1. 设函数 $f(x) = (x-1)(x-2)(x-3)$，则 $f'(x) = 0$ 有_____个实根（不用求导数）.

2. 函数 $f(x) = \ln(1+x)$ 在区间 $[0, e-1]$ 上满足拉格朗日中值定理的 $\xi =$ _____.

三、证明题

1. 设 $f(x)$ 在 $[a, b]$ 上连续，(a, b) 内可导，且 $f'(x) \neq 0, f(a)f(b) < 0$，证明方程 $f(x) = 0$ 在 (a, b) 内有且仅有一个实根.

2. 证明：当 $-1 \leqslant x \leqslant 1$ 时，恒有

$$\arcsin x + \arccos x = \frac{\pi}{2}.$$

3. 设 $f(x)$ 在 $[0, \pi]$ 上连续，$(0, \pi)$ 内可导，证明至少存在一点 $\xi \in (0, \pi)$，使

$$f'(\xi) = -f(\xi)\cot \xi.$$

同步练习 15(B)

学号＿＿＿＿＿＿　姓名＿＿＿＿＿　班序号＿＿＿＿＿

主要内容:参见同步练习 15(A).

一、选择题

1. 函数 $f(x)$ 在 $x=a$ 处右导数存在的一个充分条件是( ).

(A) $\lim\limits_{h\to 0^+}\dfrac{f(a+h)-f(a-h)}{h}$ 存在.

(B) $\lim\limits_{h\to 0^+}\dfrac{f(a-h)-f(a)}{h}$ 存在.

(C) $\lim\limits_{h\to 0^-}\dfrac{f(a+h)-f(a)}{h}$ 存在.

(D) $\lim\limits_{h\to 0^+}\dfrac{f(a+h)-f(a)}{h}$ 存在.

2. 设 $f'(2)=-1$, 则 $\lim\limits_{h\to 0}\dfrac{h}{f(2-2h)-f(2)}=$

( ).

(A) 2. 　　　　　(B) -2.

(C) $\dfrac{1}{2}$. 　　　　(D) $-\dfrac{1}{2}$.

3. 函数 $f(x)=|x(x-1)|$ 的不可导点有( ).

(A) 1 个. 　　　　(B) 2 个.

(C) 3 个. 　　　　(D) 0 个.

4. 如果曲线 $y=x^2+ax+b$ 和 $y=\dfrac{xy^3-1}{2}$ 在 $(1,-1)$ 处相切, 则常数 a, b 为( ).

(A) $a=1$, $b=1$. 　　(B) $a=1$, $b=2$.

(C) $a=-1$, $b=-2$. (D) $a=-1$, $b=-1$.

二、填空题

1. 设 $f(x)=\ln(1-2x)$, 则 $f''(0)=$ ＿＿＿＿.

2. 设 $y=\arctan\dfrac{x+1}{x-1}$, 则 $\mathrm{d}y=$ ＿＿＿＿＿＿.

3. $\mathrm{d}($ ＿＿＿＿＿＿＿$)=2xe^{x^2}\mathrm{d}x$.

三、计算题

1. 求下列函数的的一阶导数:

(1) $y=\ln(e^x+\sqrt{1+e^x})$.

(2) $y=\ln[f(x)]$.

(2) $y=x^x(x>0)$.

2. 设 $f''(x)$ 存在, 求下函数的二阶导数.

(1) $y=f(x^2)$.

同步练习 16(B)

学号＿＿＿＿＿＿　　姓名＿＿＿＿＿　　班序号＿＿＿＿＿

主要内容:参见同步练习 16(A)．

一、选择题

1. 下列函数中,在区间 $[-1,1]$ 上满足罗尔定理条件的是(　　)．

    (A) $y = 1 - \sqrt[3]{x^2}$．   (B) $y = \dfrac{3}{3x^2 + 1}$．

    (C) $y = x$．   (D) $y = \dfrac{1}{x}$．

2. 函数 $y = e^x$ 的 n 阶麦克劳林公式的拉格朗日型余项是(　　)．

    (A) $\dfrac{e^x}{n!} x^n$．   (B) $\dfrac{e^{\theta x}}{n!} x^n$．

    (C) $\dfrac{e^{\theta x}}{(n+1)!} x^{n+1}$． (D) $\dfrac{e^{\theta x}}{(n+1)!} x^n$．

    其中 $0 < \theta < 1$．

二、综合题

    利用泰勒公式,试确定 a 与 n 的一组值,使得当 $x \to 0$ 时, $e^{x^2} - \ln(1 + x^2) - 1$ 与 ax^n 为等价无穷小．

三、证明题

1. 证明方程 $3ax^2 + 2bx - a - b = 0$ 至少有一个小于 1 的正根．

2. 证明当 $x > 1$ 时, $e^x > ex$．

3. 设 $f(x)$ 在 $[a, b]$ 上连续,在 (a, b) 内可导,且 $f(a) = f(b) = 1$,试证明存在 $\xi \in (a, b)$, $\eta \in (a, b)$,使得 $e^{\eta - \xi}[f'(\eta) + f(\eta)] = 1$．

同步练习 17(A)

学号＿＿＿＿ 姓名＿＿＿ 班序号＿＿＿

主要内容：未定式，洛必达法则.

一、选择题

选项解答过程正确的是（   ）.

(A) $\lim\limits_{x\to 1}\dfrac{x^2-1}{x^2+x-1}=\lim\limits_{x\to 1}\dfrac{(x^2-1)'}{(x^2+x-1)'}=\dfrac{2}{3}$.

(B) 由洛必达法则可知，

$$\lim\limits_{n\to+\infty}\dfrac{\ln n}{n}=\lim\limits_{n\to+\infty}\dfrac{(\ln n)'}{(n)'}=1.$$

(C) $\lim\limits_{x\to 0}\dfrac{\sin kx}{x}=\lim\limits_{x\to 0}\dfrac{k\cos kx}{1}=k$.

(D) 以上结论都不正确.

二、填空题

1. 应用洛必达法则可得，当 $x\to 0$ 时，无穷小量

$x-\sin x$ 是 x 的＿＿＿阶无穷小.（填数字）

2. $\lim\limits_{x\to 0}\left(\dfrac{1}{\sin^2 x}-\dfrac{\cos^2 x}{x^2}\right)=$ ＿＿＿＿＿＿.

三、计算题

1. $\lim\limits_{x\to 1}\dfrac{\ln x}{x-1}$.

2. $\lim\limits_{x\to 0}\dfrac{\tan x-x}{x-\sin x}$.

3. $\lim\limits_{x\to 0}\dfrac{x-\sin x}{x(\mathrm{e}^{x^2}-1)}$.

4. $\lim\limits_{x\to+\infty}\dfrac{x^3}{\mathrm{e}^x}$.

5. $\lim\limits_{x\to 0^+}\dfrac{\ln\sin 2x}{\ln\sin x}$.

6. $\lim\limits_{x\to 0}\left(\dfrac{1}{x}-\dfrac{1}{\mathrm{e}^x-1}\right)$.

7. $\lim\limits_{x\to 0^+}\left(\dfrac{1}{x}\right)^{\sin x}$.

四、综合题

验证极限 $\lim\limits_{x\to\infty}\dfrac{x+\sin x}{x}$ 存在，但不能用洛必达

法则求出.

同步练习 18(A)

学号＿＿＿＿＿　姓名＿＿＿＿　班序号＿＿＿＿

主要内容：泰勒公式；函数单调性的判别；函数图形的凹凸性、拐点.

一、选择题

1. 设 $f(x)$ 在 x_0 点有二阶导数，则 $f''(x_0) = 0$ 是 $[x_0, f(x_0)]$ 为曲线 $y = f(x)$ 拐点的(　　).

(A) 必要条件.　　　(B) 充分条件.

(C) 充要条件.　　　(D) 以上都不对.

2. 点 $(0, 1)$ 是曲线 $y = ax^3 + bx^2 + c$ 的拐点，则(　　).

(A) $a \neq 0, b = 0, c = 1$.

(B) a 为任意实数, $b = 0, c = 1$.

(C) $a = 0, b = 1, c = 0$.

(D) $a = -1, b = 2, c = 1$.

二、计算题

1. 求函数 $y = 2x^3 - 3x^2 - 36x + 16$ 的单调区间.

2. 求函数 $y = x - \ln x$ 的单调区间.

3. 求函数 $y = \dfrac{1}{6}x^3 - x^2$ 的凹凸区间和拐点.

三、证明题

应用函数的单调性证明：当 $x > 1$ 时，

$$2\sqrt{x} > 3 - \frac{1}{x}.$$

同步练习 17(B)

学号＿＿＿＿＿   姓名＿＿＿   班序号＿＿＿

主要内容: 参见同步练习 17(A).

一、选择题

设 $f(x)$、$g(x)$ 在 x_0 的去心邻域内可导，$g'(x) \neq 0$，且 $\lim\limits_{x \to x_0} f(x) = \lim\limits_{x \to x_0} g(x) = 0$，则

（Ⅰ）$\lim\limits_{x \to x_0} \dfrac{f(x)}{g(x)} = A$ 与（Ⅱ）$\lim\limits_{x \to x_0} \dfrac{f'(x)}{g'(x)} = A$ 的

关系是（   ）.

(A)（Ⅰ）是（Ⅱ）的充分但非必要条件.

(B)（Ⅰ）是（Ⅱ）的必要但非充分条件.

(C)（Ⅰ）是（Ⅱ）的充要条件.

(D)（Ⅰ）是（Ⅱ）的既非充分也非必要条件.

二、填空题

1. 极限 $\lim\limits_{x \to 0} \dfrac{x^2 \cos \dfrac{1}{x}}{\sin x} = $ ＿＿＿＿＿＿＿.

2. 若极限 $\lim\limits_{x \to 0} \dfrac{\sin 2x + e^{2ax} - 1}{x} = a \neq 0$，则 $a = $

＿＿＿＿＿＿＿.

三、计算题

1. $\lim\limits_{x \to 0} \cot x \left(\dfrac{1}{\sin x} - \dfrac{1}{x} \right).$

2. $\lim\limits_{x \to \frac{\pi}{2}} \dfrac{\ln \sin x}{(\pi - 2x)^2}.$

3. $\lim\limits_{x \to 0} \dfrac{(1+x)^{\frac{1}{x}} - e}{x}.$

4. $\lim\limits_{x \to 0} \left(\dfrac{\sin x}{x} \right)^{\frac{1}{1 - \cos x}}.$

四、综合题

验证极限 $\lim\limits_{x \to +\infty} \dfrac{e^x + \cos x}{e^x + \sin x}$ 存在，但不能用洛必

达法则求出.

同步练习 18(B)

学号＿＿＿＿＿　姓名＿＿＿＿　班序号＿＿＿＿

主要内容：参见同步练习 18(A)．

一、填空题

1. 函数 $f(x)=\ln x-\dfrac{x}{e}+1$ 在 $(0,+\infty)$ 内的零点个数为＿＿＿＿＿＿．

2. 曲线 $y=(x-2)^{\frac{5}{3}}$ 的拐点是＿＿＿＿＿＿．

二、选择题

1. 已知 $f(x)$ 在 R 上可导，则(　　)．
   (A) 当 $f'(x)$ 为单调函数时，$f(x)$ 一定单调．
   (B) 当 $f(x)$ 为单调函数时，$f'(x)$ 一定单调．
   (C) 当 $f'(x)$ 为偶函数，$f(x)$ 一定为奇函数．
   (D) 当 $f(x)$ 为奇函数，$f'(x)$ 一定为偶函数．

2. 设在区间 $[0,1]$ 上，$f''(x)>0$，则下列式子成立的为(　　)．
   (A) $f'(1)>f'(0)>f(1)-f(0)$．
   (B) $f'(1)>f(1)-f(0)>f'(0)$．
   (C) $f(1)-f(0)>f'(1)>f'(0)$．
   (D) $f'(1)>f(0)-f(1)>f'(0)$．

三、计算题

1. 将多项式 $f(x)=x^3+3x^2-2x+4$ 按 $x+1$ 的乘幂展开．

2. 设 $f''(x)$ 在 $(a,+\infty)$ 内存在且大于零，确定函数 $F(x)=\dfrac{f(x)-f(a)}{x-a}$ 在 $(a,+\infty)$ 内单调性．

四、应用题

问 a、b 为何值时，点 $(1,3)$ 为曲线 $y=ax^3+bx^2$ 的拐点.

五、证明题

1. 设 p、q 是大于1的常数，且 $\dfrac{1}{p}+\dfrac{1}{q}=1$，证明：当 $x>0$ 时，$\dfrac{1}{p}x^p+\dfrac{1}{q}\geqslant x$.

同步练习 19(A)

学号_____ 姓名_____ 班序号_____

主要内容：函数的极值；函数图形渐近线；函数图形的描绘；函数的最大值与最小值；弧微分；曲率的概念；曲率圆与曲率半径.

一、选择题

1. 设 $f'(x_0) = 0$,则 x_0 点是 $f(x)$ 的 ( ).

(A) 极值点.

(B) 驻点.

(C) 最值点.

(D) 以上都不是.

2. 设 $f(x)$ 在 x_0 点有二阶导数且 $f'(x_0) = 0$，则 $f''(x_0) \neq 0$ 是 $f(x)$ 在 x_0 点取得极值的 ( ).

(A) 必要条件.

(B) 充分条件.

(C) 充要条件.

(D) 以上都不对.

二、填空题

1. $y = x^2$ 在 $(1, 1)$ 点的曲率半径为_____.

2. 如果 $f(x) = \dfrac{\sin x}{x(x-1)}$，则曲线 $y = f(x)$ 有水平渐近线_____，铅直渐近线_____.

3. $y = x^2$ 的弧微分 $\mathrm{d}s =$_____.

三、综合题

1. 求 $y = 2x^3 - 3x^2 - 12x + 4$ 的极值.

2. 求函数 $y = x^3 - 3x^2 - 9x + 5$ 在区间 $[-2, 4]$ 上的最值.

3. a 为何值时,

$$f(x) = a\sin x + \frac{1}{2}\sin 2x,$$

在 $x = \dfrac{\pi}{3}$ 处取得极值?它是极大值还是极小值?求此极值.

四、应用题

今欲制造一个表面积为 $50 \ \mathrm{m}^2$ 的圆柱形锅炉,问锅炉的高度 h 和底半径 r 分别取多大值,锅炉的容积最大?

同步练习 20(A)

学号＿＿＿＿＿　姓名＿＿＿＿　班序号＿＿＿＿

　　主要内容：微分中值定理与导数应用综合练习，主要包括：微分中值定理；洛必达法则；泰勒定理；函数单调性；函数图形的凹凸性；函数的极值与最值等内容.

一、选择题

1. 下列函数中，在区间 $[-1, 1]$ 上满足罗尔定理条件的是（　　）.

   (A) $y = |x|$.

   (B) $y = \sin\pi x + 1$.

   (C) $y = \dfrac{1}{x}$.

   (D) $y = (x-1)^2$.

2. 设 $f(x)$ 具有一阶连续导数，且 $\lim\limits_{x \to a} \dfrac{f'(x)}{x-a} = -1$，则（　　）.

   (A) $f(a)$ 是 $f(x)$ 的极小值.

   (B) $f(a)$ 是 $f(x)$ 的极大值.

   (C) $[a, f(a)]$ 是 $f(x)$ 的拐点.

   (D) 以上都不是.

二、填空题

1. 函数 $y = \dfrac{x - \sin x}{x}$ 的水平渐近线是＿＿＿＿.

2. 函数 $y = \ln(x + \sqrt{1+x^2})$ 的单调递增区间

为＿＿＿＿＿＿＿＿.

三、计算题

1. $\lim\limits_{x \to 0} \dfrac{x - \tan x}{x^3}$.

2. $\lim\limits_{x \to 0} \left(\dfrac{1}{x\sin x} - \dfrac{1}{x^2} \right)$.

四、综合题

　　将长为 a 的一段铁丝截成两段，一段围成正方形，一段围成圆，问两段铁丝长分别为多少时，使得正方形和圆的面积之和最小？

五、证明题

　　设奇函数 $f(x)$ 在 $[-1, 1]$ 上可导，且 $f(1) = 1$，证明：存在 $\xi \in (0, 1)$，使得 $f'(\xi) = 1$.

同步练习 19(B)

学号＿＿＿＿＿ 姓名＿＿＿ 班序号＿＿＿

主要内容:参见同步练习 19(A).

一、选择题

1. 假设 $f(x)$ 在 x_0 点连续,在 x_0 的某去心邻域内

可导,且 $\lim\limits_{x \to x_0^-} f'(x) \cdot \lim\limits_{x \to x_0^+} f'(x) < 0$, 则 x_0 点是

$f(x)$ 的( ).

(A) 极值点.

(B) 最值点.

(C) 驻点.

(D) 以上都不是.

2. 设 $f'(x_0) = f''(x_0) = 0, f'''(x_0) > 0$,则( ).

(A) $f'(x_0)$ 是 $f'(x)$ 的极大值.

(B) $f(x_0)$ 是 $f(x)$ 的极大值.

(C) $f(x_0)$ 是 $f(x)$ 的极小值.

(D) $[x_0, f(x_0)]$ 是曲线 $y = f(x)$ 的拐点.

二、填空题

1. 曲线弧 $y = \sin x (0 < x < \pi)$ 上曲率半径最小

的点是＿＿＿＿＿＿.

2. 写出曲线 $f(x) = \dfrac{x^3}{x(x-1)}$ 的全部渐近

线＿＿＿＿＿＿.

三、综合题

1. 求函数 $y = \sin x + \cos x$ 的极值.

2. 求函数 $y = (x-4)\sqrt[3]{(x+1)^2}$ 在区间 $[-2, 2]$

上的最值.

3. 求 $y = x^3 - x + 1$ 在 $(-1, 1)$ 点的曲率.

4. 试确定 $xe^{-x} = a(a > 0)$ 的实根个数.

四、应用题

甲乙两地相距 100 千米,一火车每小时的耗费
由两部分组成,固定部分为 200 元,变动部分
与火车速度的立方成正比,已知速度为
20 千米／小时,变动部分每小时耗费为 400
元,问火车的速度多大时才能使火车从甲地到
乙地总费用最省?

同步练习 20(B)

学号_____　姓名_____　班序号_____

主要内容:参见同步练习 20(A).

一、选择题

1. 设 $f(x)$ 连续,且 $f'(0) > 0$,则存在 $\delta > 0$,使得

( ).

(A) $f(x)$ 在 $(0, \delta)$ 内单调增加.

(B) $f(x)$ 在 $(-\delta, 0)$ 内单调减少.

(C) 对任意的 $x \in (0, \delta)$,有 $f(x) > f(0)$.

(D) 对任意 $x \in (-\delta, 0)$,有 $f(x) > f(0)$.

2. 设 $f(x)$ 具有二阶连续导数,且 $f'(1) = 0$,

$\lim\limits_{x \to 1} \dfrac{f''(x)}{(x-1)^2} = \dfrac{1}{2}$,则( ).

(A) $f(1)$ 是 $f(x)$ 的极大值.

(B) $f(1)$ 是 $f(x)$ 的极小值.

(C) $[1, f(1)]$ 是 $f(x)$ 的拐点.

(D) 以上都不是.

二、填空题

1. 设点 $(1, 3)$ 是 $y = x^3 + ax^2 + bx + 14$ 的拐点,

则 $a = $ _____ ,$b = $ _____ .

2. 设 $f(x) = (x-1)(x-2)(x-3)(x-4)$,则

$f'(x) = 0$ 在 $[2, 4]$ 区间内有 _____ 个实根.

三、计算题

1. 求 $\lim\limits_{x \to 0} \dfrac{\left[\sin x - \sin(\sin x)\right]\sin x}{x^4}$.

2. 求 $y = x^2 - 4x + 3$ 在其顶点处的曲率及曲率半径.

四、综合题

求内接于椭圆

$$\frac{x^2}{a^2} + \frac{y^2}{b^2} = 1 (a > 0, b > 0)$$

且面积 S 为最大的矩形的长和宽.

五、证明题

证明:当 $0 < x < 1$ 时,$e^{2x} < \dfrac{1+x}{1-x}$.

同步测试(一)

学号_____　姓名_____　班序号_____

一、填空题(本题有 5 小题,每小题 4 分,共 20 分)

1. 设函数 $f(x) = \arcsin\dfrac{2x-1}{3} + \ln(1-x)$,则其

连续区间为_____.

2. 极限 $\lim\limits_{x\to 0}\dfrac{\sin 5x - \tan 4x}{\ln(1+3x)} = $ _____.

3. 设函数 $y = \mathrm{e}^{f(x)}$ 且 $f(x)$ 可导,则 $\mathrm{d}y = $

_____ $\mathrm{d}x$.

4. 函数 $f(x) = \dfrac{1}{x}$ 在闭区间 $[1, 2]$ 上满足拉格朗

日中值定理条件的 $\xi = $ _____.

5. 抛物线 $y = 2x^2 + 4x + 3$ 在顶点 $(-1, 1)$ 处的

曲率半径为_____.

二、单项选择题(本题有 6 小题,每小题 3 分,共 18 分)

1. 设函数 $f(x) = \begin{cases} x+2, & x \geqslant 1, \\ x-2, & x < 1, \end{cases}$ 则 $x = 1$ 是

$f(x)$ 的(　　).

(A) 连续点.

(B) 跳跃间断点.

(C) 无穷间断点.

(D) 可去间断点.

2. 设函数 $f(x)$ 在 $x = 5$ 处连续,且 $\lim\limits_{x\to 5}\dfrac{f(x)}{x-5} = 2$,

则 $f'(5) = $(　　).

(A) 2.

(B) -2.

(C) 0.

(D) -1.

3. 函数 $y = |x-3|$ 在点 $x = 3$ 处(　　).

(A) 可导.

(B) 可导但不连续.

(C) 不连续也不可导.

(D) 连续但不可导.

4. 设质点的运动方程为 $s = A\sin(\omega t + \theta)$,其中 A,

ω, θ 为常数,则(　　)成立.

(A) $\dfrac{\mathrm{d}s}{\mathrm{d}t} + \omega s = 0$.

(B) $\dfrac{\mathrm{d}^2 s}{\mathrm{d}t^2} + \omega\dfrac{\mathrm{d}s}{\mathrm{d}t} = 0$.

(C) $\dfrac{\mathrm{d}^2 s}{\mathrm{d}t^2} + \omega^2 s = 0$.

(D) $\dfrac{\mathrm{d}^2 s}{\mathrm{d}t^2} + \dfrac{\mathrm{d}s}{\mathrm{d}t} = 0$.

5. 曲线 $y = (x-2)\mathrm{e}^x$ 的拐点为(　　).

(A) 不存在.

(B) $(0, -2)$.

(C) $(1, -\mathrm{e}^{-1})$.

(D) $(2, 0)$.

6. 若在 (a, b) 内,函数 $f(x)$ 的一阶导数 $f'(x) < 0$,二阶导数 $f''(x) > 0$,则函数 $f(x)$ 在此区间内的图形是(　　).

(A)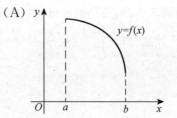

(B)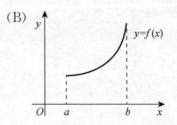

(C)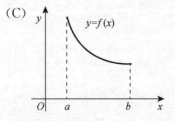

(D)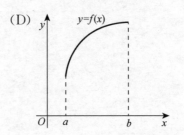

三、计算题(本题有 5 小题,每小题 6 分,共 30 分)

1. (6 分) 求极限 $\lim\limits_{x\to\infty}\left(\dfrac{x+3}{x+1}\right)^{5x}$.

2. (6 分) 求极限 $\lim\limits_{x\to 0}\left(\dfrac{1}{\ln(1+x)}-\dfrac{1}{x}\right)$.

3. (6 分) 设函数 $y=\sqrt{1-x^2}\arcsin x+\dfrac{\ln x}{x}+\sin 2\,015$,求 y'.

4. （6 分） 抛射体运动轨迹的参数方程为
$$\begin{cases} x = v_1 t, \\ y = v_2 t - \dfrac{1}{2} g t^2, \end{cases}$$ 其中常数 v_1、v_2 分别为水平方向和垂直方向的初速度，常数 g 为重力加速度，求由该参数方程所确定的函数 $y = f(x)$ 的一阶导数 $\dfrac{\mathrm{d}y}{\mathrm{d}x}$ 和二阶导数 $\dfrac{\mathrm{d}^2 y}{\mathrm{d}x^2}$.

5. （6 分）设由方程 $x e^y = x + y - 1$ 所确定的隐函数为 $y = f(x)$，求 $\dfrac{\mathrm{d}y}{\mathrm{d}x}\Big|_{x=0}$.

四、应用题（本题有 3 小题，第 1～2 小题每题 7 分，第 3 题 8 分，共 22 分）

1. （7 分）以 0.1 米³／秒的速度往一正圆锥形水箱注水，水箱尖端朝下，水箱深 2 米、上顶直径 2 米（如右图），问注水高度为 1 米时，水位表面上升的速率是多少？

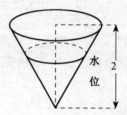

2. (7 分) 求函数 $y = x^3 - 3x^2 - 9x + 1$ 的单调区间及极值.

3. (8 分) 求内接于椭圆

$$\frac{x^2}{a^2} + \frac{y^2}{b^2} = 1 (a > 0, b > 0)$$

面积 $S(x)$ 最大的矩形(如右图) 的各边之长, 其中点 $A(x, y)$ 是内接矩形与椭圆在第一象限内的交点.

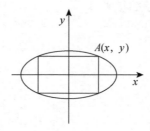

五、证明题(本题有 2 小题, 每小题 5 分, 共 10 分)

1. (5 分) 证明: 方程 $x^7 - 7x + 1 = 0$ 在开区间 $(0, 1)$ 内有唯一的实根.

2. (5 分) 设函数 $f(x)$ 在闭区间 $[0, 1]$ 上连续, 在开区间 $(0, 1)$ 内可导, 且 $f(0) = f(1) = 0$. 证明: 在开区间 $(0, 1)$ 内至少存在一点 ξ, 使得

$$f'(\xi) = 2\,015 f(\xi).$$

同步测试(二)

学号＿＿＿＿　姓名＿＿＿＿　班序号＿＿＿＿

一、填空题(本题有 5 小题,每小题 4 分,共 20 分)

1. 极限 $\lim\limits_{n\to\infty}\left(1+\dfrac{2}{n}\right)^{5n}=$ ＿＿＿＿＿＿.

2. 设函数 $y=\ln f(x)$ 且 $f(x)$ 可导,则 $\mathrm{d}y=$ ＿＿＿＿＿＿$\mathrm{d}x$.

3. 设质点作变速直线运动,其位移关于时间的函数为 $s=t^3-3t-2$(位移 s 的单位是米,时间 t 的单位是秒),则在第 $t=1$ 秒末,物体的加速度为 ＿＿＿＿＿＿(米/秒^2).

4. 函数 $f(x)=\arctan x$ 在闭区间 $[0,1]$ 上满足拉格朗日中值定理条件的 $\xi=$ ＿＿＿＿＿＿.

5. 三次曲线 $y=x^3-x+1$ 在点 $(-1,1)$ 处的曲率半径为＿＿＿＿＿＿.

二、单项选择题(本题有 6 小题,每小题 3 分,共 18 分)

1. 设函数 $f(x)=\dfrac{1}{\ln(x-1)}+\sqrt{16-x^2}$,则其连续区间为( ).

  (A) $[1,4]$.

  (B) $(1,2)\bigcup(2,4]$.

  (C) $(1,4]$.

  (D) $(1,2)\bigcup(2,4)$.

2. 设函数 $f(x)=\begin{cases}\mathrm{e}^x, & x>0,\\ a+x, & x\leqslant 0,\end{cases}$ 要使 $f(x)$ 在 $x=0$ 处连续,则 $a=$( ).

  (A) -2.　　　　(B) -1.

  (C) 0.　　　　(D) 1.

3. 当 $x\to\infty$ 时,下列结论中正确的是( ).

  (A) $\sqrt{1+\dfrac{1}{x}}-1\sim\dfrac{1}{2x}$.

  (B) $\arctan x\sim x$.

  (C) $\sin x\sim x$.

  (D) $\ln(1+x^2)\sim x^2$.

4. 设函数 $f(x)=\dfrac{\tan(x-1)}{x-1}$,则 $x=1$ 是函数 $f(x)$ 的( ).

  (A) 跳跃间断点.

  (B) 无穷间断点.

  (C) 可去间断点.

  (D) 震荡间断点.

5. 若两个函数 $f(x)$,$g(x)$ 在开区间 (a,b) 内各点的导数恒相等,则二者在开区间 (a,b) 内( ).

  (A) 均为常数.

  (B) 相等.

  (C) $f(x)-g(x)=x$.

  (D) 仅相差一个常数.

6. 设函数 $f(x)$ 可导,在 $(-\infty,-2)$ 内 $f'(x)<0$,在 $(-2,2)$ 内 $f'(x)>0$,在 $(2,+\infty)$ 内 $f'(x)<0$,则此函数的图形是( ).

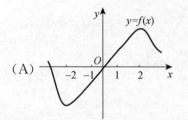

(A)

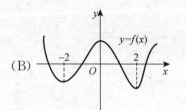

(B)

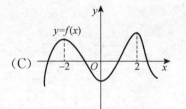

(C)

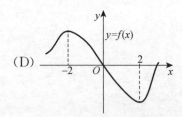

(D)

三、计算题(本题有 5 小题,每小题 6 分,共 30 分)

1. (6 分) 求极限 $\lim\limits_{x\to 1}\dfrac{\sqrt{3x-2}-\sqrt{x}}{x-1}$.

3. （6 分）设函数

$$y = \frac{\sin x}{x} + \sqrt{1-x^2}\,\arccos x + \ln 2\,018,求 y'.$$

4. （6 分）求由参数方程 $\begin{cases} x = t - \ln(1+t), \\ y = t^2 + 1 \end{cases}$ 所确

定的函数 $y = f(x)$ 的一阶导数 $\dfrac{\mathrm{d}y}{\mathrm{d}x}$ 和二阶导数

$\dfrac{\mathrm{d}^2 y}{\mathrm{d}x^2}.$

2. （6 分）求极限 $\lim\limits_{x \to 0} \dfrac{x - \sin x}{x\ln(1+x^2)}.$

5. （6 分）设由方程 $ye^x + \ln y = 1$ 所确定的隐函数

为 $y = f(x)$，求 $\dfrac{\mathrm{d}y}{\mathrm{d}x}\Big|_{\substack{x=0 \\ y=1}}$.

四、应用题（本题有 3 小题，第 1～2 小题每题 7 分，第 3 题 8 分，共 22 分）

1. （7 分）曲线 $y = \dfrac{1}{x}(x > 0)$ 在点 M 处的法线过原点，求点 M 的坐标，以及曲线在点 M 处的切线和法线方程.

2. （7 分）求曲线

$$y = x^4 - 4x^3 - 18x^2 + 4x + 10$$

的凹凸区间及拐点.

3.（8 分）要制作一个底面为长方形的有盖的箱子，其体积为 72 立方厘米，底面长与宽的比例为 2∶1. 问底面的长与宽各为多少厘米才能使表面积最小？最小为多少平方厘米？

五、证明题（本题有 2 小题，每小题 5 分，共 10 分）

1.（5 分）雨滴在高空下落的时候，表面不断蒸发，体积逐渐减少. 设雨滴始终保持球体形状，若体积的减少率与表面积成正比，比例系数为 $k(k>0)$，试证其半径的减少率为常数.

2.（5 分）设函数 $f(x)$ 在闭区间 $[0,1]$ 上连续，在开区间 $(0,1)$ 内可导，且

$$f(0)=f(1)=0, f\left(\frac{1}{2}\right)=1.$$

试证至少存在一点 $\xi \in (0,1)$，使得 $f'(\xi)=1$.

第二篇

一元微积分 A(下)

第四章　不定积分

同步练习 21(A)

学号_____　　姓名_____　　班序号_____

主要内容：原函数和不定积分的概念；不定积分的基本性质；基本积分公式.

一、选择题

1. 下列等式中正确的是(　　).

(A) $d\int f(x)dx = f(x)$.

(B) $\int f'(x)dx = f(x)$.

(C) $\int df(x) = f(x)$.

(D) $\dfrac{d}{dx}\int f(x)dx = f(x)$.

2. 设 $F(x)$ 和 $G(x)$ 都是 $f(x)$ 的原函数,则(　　).

(A) $F(x) - G(x) = 0$.

(B) $F(x) + G(x) = 0$.

(C) $F(x) - G(x) = C$(C 为常数).

(D) $F(x) + G(x) = C$(C 为常数).

3. 设 $\int f(x)dx = x^2 + C$,则 $\int xf(1-x^2)dx =$

(　　).

(A) $-2(1-x^2)^2 + C$.　　(B) $2(1-x^2)^2 + C$.

(C) $-\dfrac{1}{2}(1-x^2)^2 + C$.　　(D) $\dfrac{1}{2}(1-x^2)^2 + C$.

二、填空题

1. $\displaystyle\int \dfrac{dx}{x^2\sqrt{x}} = $ _____.

2. $\displaystyle\int (x^2 - 3x + 2)dx = $ _____.

3. $\displaystyle\int \cos^2 \dfrac{x}{2}dx = $ _____.

三、利用直接积分法求下列不定积分.

1. $\displaystyle\int \left(\sqrt[3]{x} - \dfrac{1}{\sqrt{x}}\right)dx$.

2. $\displaystyle\int \dfrac{1}{x^2(1+x^2)}dx$.

3. $\displaystyle\int \dfrac{e^{2x}-1}{e^x-1}dx$.

4. $\displaystyle\int 3^x e^x dx$.

5. $\displaystyle\int \cot^2 x dx$.

四、应用题

1. 曲线通过点 $(e^2, 3)$,且在任意点处切线的斜率都等于该点的横坐标的倒数,求此曲线的方程.

2. 一物体由静止开始运动,经 t 秒后的速度是 $3t^2$(米 / 秒),问:1) 到 3 秒末物体所走过的路程是多少?2) 物体走完 360 米需要多少时间?

同步练习 22(A)

学号_____ 姓名_____ 班序号_____

主要内容：不定积分的第一类换元法（凑微分法）.

一、选择题

设 $\dfrac{\sin x}{x}$ 是 $f(x)$ 的一个原函数且 $a \neq 0$，则 $\displaystyle\int \dfrac{f(ax)}{a}\mathrm{d}x = ($　　$)$.

(A) $\dfrac{\sin ax}{a^3 x} + C.$ 　　(B) $\dfrac{\sin ax}{a^2 x} + C.$

(C) $\dfrac{\sin ax}{ax} + C.$ 　　(D) $\dfrac{\sin ax}{x} + C.$

二、计算题

1. $\displaystyle\int \dfrac{1}{\sqrt[3]{5-3x}}\mathrm{d}x.$

2. $\displaystyle\int \left(\sin 2x - \mathrm{e}^{\frac{x}{3}}\right)\mathrm{d}x.$

3. $\displaystyle\int x\cos(2+x^2)\mathrm{d}x.$

4. $\displaystyle\int \tan^{10}x \sec^2 x\mathrm{d}x.$

5. $\displaystyle\int \dfrac{1}{x\sqrt{1+\ln x}}\mathrm{d}x.$

6. $\displaystyle\int \sin^2 x \cos^3 x\mathrm{d}x.$

7. $\displaystyle\int \sin^2 x \cos^2 x\mathrm{d}x.$

8. $\displaystyle\int \dfrac{\mathrm{d}x}{x^2 + x - 6}.$

9. $\displaystyle\int \dfrac{1-2x}{\sqrt{9-4x^2}}\mathrm{d}x.$

同步练习 21(B)

学号＿＿＿＿　姓名＿＿＿＿　班序号＿＿＿＿

主要内容:参见同步练习 21(A).

一、选择题

1. 设 $f(x)$ 的导函数为 $\sin x$,则 $f(x)$ 的一个原函数是(　　).

(A) $1+\sin x$.

(B) $1-\sin x$.

(C) $1+\cos x$.

(D) $1-\cos x$.

2. 设 $F'(x)=f(x)$,且 $f(x)$ 为可导函数,$f(0)=1$,$F(x)=xf(x)+x^2$,则 $f(x)=($　　$)$.

(A) $-2x-1$.

(B) $-x^2+1$.

(C) $-2x+1$.

(D) $-x^2-1$.

二、填空题

1. 已知 e^{-x^2} 是 $f(x)$ 的一个原函数,则 $\int f(\tan x)\sec^2 x\mathrm{d}x=$ ＿＿＿＿＿＿＿＿.

2. 设 $\int xf(x)\mathrm{d}x=\arcsin x+C$,则 $\int\dfrac{1}{f(x)}\mathrm{d}x=$ ＿＿＿＿＿＿＿＿.

3. 设 $f'(\ln x)=1+x$,则 $f(x)=$ ＿＿＿＿＿＿＿＿.

三、计算题

利用直接积分法求下列不定积分.

(1) $\int\dfrac{3x^4+3x^2+1}{x^2+1}\mathrm{d}x$.

(2) $\int\dfrac{x^4}{1+x^2}\mathrm{d}x$.

(3) $\int\dfrac{x^3}{1+x^2}\mathrm{d}x$.

(4) $\int\dfrac{1+\cos^2 x}{1+\cos 2x}\mathrm{d}x$.

四、综合题

设 $f(x)$ 的导函数为一开口向下的抛物线,且过原点和 $(2,0)$,$f(x)$ 的极小值为 2,极大值为 6,求 $f(x)$.

同步练习 22(B)

学号＿＿＿＿＿＿　姓名＿＿＿＿＿　班序号＿＿＿＿＿

主要内容:参见同步练习 22(A) .

一、填空题

设 $F(x)$ 是 $f(x)$ 的原函数,求下列各式的不定

积分.

(1) $\displaystyle\int f(2x)\mathrm{d}x = $ ＿＿＿＿＿＿＿＿＿ .

(2) $\displaystyle\int f(x^2)x\mathrm{d}x = $ ＿＿＿＿＿＿＿＿＿ .

(3) $\displaystyle\int \frac{f(2\ln x)}{x}\mathrm{d}x = $ ＿＿＿＿＿＿＿＿＿ .

(4) $\displaystyle\int f(\mathrm{e}^{-x}+1)\mathrm{e}^{-x}\mathrm{d}x = $ ＿＿＿＿＿＿＿＿＿ .

二、计算题

1. $\displaystyle\int \frac{\mathrm{d}x}{x\ln x\ln\ln x}.$

2. $\displaystyle\int \tan\sqrt{1+x^2}\,\frac{x\mathrm{d}x}{\sqrt{1+x^2}}.$

3. $\displaystyle\int \frac{x\mathrm{d}x}{x^8-1}.$

4. $\displaystyle\int \sin 5x\sin 7x\mathrm{d}x.$

5. $\displaystyle\int \tan^3 x\sec x\mathrm{d}x.$

6. $\displaystyle\int \frac{\arctan\sqrt{x}}{\sqrt{x}\,(1+x)}\mathrm{d}x.$

7. $\displaystyle\int \frac{\ln\tan x}{\cos x\sin x}\mathrm{d}x.$

8. $\displaystyle\int \frac{2x-1}{x^2+2x+5}\mathrm{d}x.$

同步练习 23(A)

学号＿＿＿＿＿　姓名＿＿＿＿＿　班序号＿＿＿＿＿

主要内容：不定积分的第二类换元积分法.

一、利用第二类换元法求下列不定积分.

1. $\displaystyle\int\frac{\mathrm{d}x}{1+\sqrt{1-x^2}}$.

2. $\displaystyle\int\frac{\sqrt{x^2-9}}{x}\mathrm{d}x$(其中 $x>0$).

3. $\displaystyle\int\frac{x}{1+\sqrt{x}}\mathrm{d}x$.

4. $\displaystyle\int\frac{1}{1+\sqrt{2x+3}}\mathrm{d}x$.

5. $\displaystyle\int\frac{1}{x(1+x^8)}\mathrm{d}x$.

同步练习 24(A)

学号＿＿＿＿＿　姓名＿＿＿＿　班序号＿＿＿＿

主要内容：不定积分的概念，不定积分的两类换元积分法.

一、填空题

1. 设 $F(x)$ 是 $f(x)$ 的原函数，求下列各式的不定积分.

(1) $\int f(2x)\mathrm{d}x = $ ＿＿＿＿＿＿＿＿.

(2) $\int \dfrac{f(2\ln x)}{x}\mathrm{d}x = $ ＿＿＿＿＿＿＿＿.

2. 函数 2^x 为＿＿＿＿＿＿＿＿ 的一个原函数.

3. 设 $\left(\int f(x)\mathrm{d}x\right)' = \sqrt{1+x^2}$，则 $f'(1) = $

＿＿＿＿＿＿＿＿.

二、求下列不定积分

1. $\displaystyle\int (\tan x + \cot x)^2 \mathrm{d}x$

2. $\displaystyle\int \cos x \mathrm{e}^{\sin x}\mathrm{d}x.$

3. $\displaystyle\int \frac{x}{(1-x)^3}\mathrm{d}x.$

4. $\displaystyle\int \frac{\mathrm{d}x}{\sin^2 x \cos x}.$

5. $\displaystyle\int \frac{\mathrm{d}x}{(a^2-x^2)^{\frac{5}{2}}}.$

三、综合题

已知 $f'(\tan x) = \sec^2 x, f(0) = 2$，求 $f(x)$.

同步练习 23(B)

学号＿＿＿＿＿　姓名＿＿＿＿　班序号＿＿＿＿

主要内容:参见同步练习 23(A).

一、填空题

设 $F(x)$ 是 $f(x)$ 的原函数,求下列不定积分.

1. $\displaystyle\int f(2\sin x)\cos x\,\mathrm{d}x = $ ＿＿＿＿＿＿＿＿.

2. $\displaystyle\int f(1-x^2)x\,\mathrm{d}x = $ ＿＿＿＿＿＿＿＿.

3. $\displaystyle\int \frac{f(\tan^2 x)}{\cos^2 x}\tan x\,\mathrm{d}x = $ ＿＿＿＿＿＿＿＿.

4. $\displaystyle\int \frac{f(x)}{1+F^2(x)}\,\mathrm{d}x = $ ＿＿＿＿＿＿＿＿.

二、利用第二类换元法求下列不定积分.

1. $\displaystyle\int \frac{1}{1+\sqrt[3]{x+2}}\,\mathrm{d}x.$

2. $\displaystyle\int \sqrt{9-x^2}\,\mathrm{d}x.$

3. $\displaystyle\int \frac{1}{\sqrt{2x-1}-\sqrt[4]{2x-1}}\,\mathrm{d}x.$

4. $\displaystyle\int \frac{1}{(a^2+x^2)^{\frac{3}{2}}}\,\mathrm{d}x.$

5. $\displaystyle\int \frac{1}{\sqrt{1+\mathrm{e}^x}}\,\mathrm{d}x.$

同步练习 24(B)

2. $\int \sqrt{4-x^2}\,\mathrm{d}x$.

4. $\int \sqrt{\dfrac{a+x}{a-x}}\,\mathrm{d}x$,其中 $a>0$.

学号_____　姓名_____　班序号_____

主要内容:参见同步练习 24(A).

一、填空题

1. 设 $F(x)$ 是 $f(x)$ 的原函数,求下列不定积分.

(1) $\int f(2\sin x)\cos x\,\mathrm{d}x = $ _____.

(2) $\int \dfrac{f(\tan^2 x)}{\cos^2 x}\tan x\,\mathrm{d}x = $ _____.

2. 设 $\int xf(x)\,\mathrm{d}x = \arcsin x + C$,则 $\int \dfrac{\mathrm{d}x}{f(x)} = $

_____.

3. 设 $f'(e^x)=1+x$,则 $f(x) = $ _____.

二、求下列不定积分.

1. $\int \dfrac{1}{1+\sqrt[3]{1+x}}\,\mathrm{d}x$.

3. $\int \dfrac{1}{\sqrt{x+1}-\sqrt[3]{x+1}}\,\mathrm{d}x$.

5. $\int \cos^4 x\,\mathrm{d}x$

同步练习 25(A)

学号_____　姓名_____　班序号_____

　　主要内容:不定积分的分部积分法.

一、填空题

1. 不定积分

$$\int \cos x \mathrm{d}(\mathrm{e}^{\cos x}) = \underline{\hspace{3cm}}.$$

2. 设函数 e^{-x} 为 $f(x)$ 的一个原函数,则不定积分

$$\int x f(x) \mathrm{d}x = \underline{\hspace{3cm}}.$$

二、利用分部积分法计算下列不定积分.

1. $\int x \sin 2x \mathrm{d}x.$

2. $\int x \mathrm{e}^{-x} \mathrm{d}x.$

3. $\int x^2 \ln x \mathrm{d}x.$

4. $\int x^2 \cos x \mathrm{d}x.$

5. $\int \arcsin x \mathrm{d}x.$

6. $\int x^2 \arctan x \mathrm{d}x.$

7. $\int \mathrm{e}^{\sqrt{x}} \mathrm{d}x.$

三、综合题

　　设 $F(x)$ 是 $f(x)$ 的一个原函数,试用 $F(x)$ 或 $F(x)$ 的导数表示下列不定积分.

(1) $\int f''(x) \mathrm{d}x$;

(2) $\int f(x) F(x) \mathrm{d}x$;

(3) $\int x f'(x) \mathrm{d}x.$

同步练习 26(A)

学号_____ 姓名_____ 班序号_____

主要内容：不定积分综合练习，主要包括：原函数和不定积分的概念；不定积分基本公式；不定积分第一类换元积分法；不定积分的第二类换元积分法；分部积分法等内容.

一、选择题

1. 设 $\int e^x f(x) dx = e^x \sin x + C$，则 $\int f(x) dx =$

（   ）.

（A）$\cos x + \sin x + C$.

（B）$\sin x + C$.

（C）$-\cos x + \sin x + C$.

（D）$\cos x + C$.

2. 设函数 $\dfrac{\ln x}{x}$ 为 $f(x)$ 的一个原函数，则不定积分

$\int x f'(x) dx = ($ ）.

（A）$\dfrac{1 - \ln x}{x} + C$.

（B）$\dfrac{1 + \ln x}{x} + C$.

（C）$\dfrac{1 - 2\ln x}{x} + C$.

（D）$\dfrac{1 + 2\ln x}{x} + C$.

二、计算题

1. $\displaystyle\int \dfrac{\arcsin x}{\sqrt{1 - x^2}} dx$.

2. $\displaystyle\int \dfrac{dx}{e^x - e^{-x}}$.

3. $\displaystyle\int \dfrac{\sin x \cos x}{1 + \sin^4 x} dx$.

4. $\displaystyle\int \dfrac{dx}{x(x^6 + 4)}$.

5. $\displaystyle\int \arctan \sqrt{x} \, dx$.

三、综合题

设 $f'(\sin^2 x) = \cos 2x + \tan^2 x, 0 < x < 1$，求 $f(x)$.

同步练习 25(B)

学号＿＿＿＿＿　姓名＿＿＿＿　班序号＿＿＿＿

主要内容：参见同步练习 25(A)．

一、填空题

1. 设 $f(x)$ 的一个原函数为 $\dfrac{\sin x}{x}$，则 $\displaystyle\int xf'(2x)\mathrm{d}x$

= ＿＿＿＿＿＿＿＿＿．

2. 设 $f'(\mathrm{e}^x)=1+x$，则 $f(x)=$ ＿＿＿＿＿＿＿．

二、利用分部积分法计算下列不定积分．

1. $\displaystyle\int (\ln x)^2\mathrm{d}x$.

2. $\displaystyle\int x\ln(x^2+1)\mathrm{d}x$.

3. $\displaystyle\int \mathrm{e}^{\sqrt[3]{x}}\mathrm{d}x$.

4. $\displaystyle\int \mathrm{e}^{-2x}\sin\dfrac{x}{2}\mathrm{d}x$.

5. $\displaystyle\int \dfrac{x}{\cos^2 x}\mathrm{d}x$.

6. $\displaystyle\int \cos(\ln x)\mathrm{d}x$.

7. $\displaystyle\int x\ln\dfrac{1+x}{1-x}\mathrm{d}x$.

8. $\displaystyle\int x\cos^2 x\mathrm{d}x$.

三、综合题

设 $f'(\ln x)=(x+1)\ln x$，求 $f(x)$．

同步练习 26(B)

学号＿＿＿＿＿　　姓名＿＿＿＿　　班序号＿＿＿＿

主要内容:参见同步练习 26(A)．

一、选择题

1. 设 $\int f(x)\mathrm{d}x = x^2 + C$，则 $\int xf(1-x^2)\mathrm{d}x =$

　( )．

(A) $-2(1-x^2)^2 + C$．

(B) $2(1-x^2)^2 + C$．

(C) $-\dfrac{1}{2}(1-x^2)^2 + C$．

(D) $\dfrac{1}{2}(1-x^2)^2 + C$．

2. 设 $F(x)$ 是连续函数 $f(x)$ 的一个原函数，则下列说法错误的是( )．

(A) 设 $F(x)$ 是偶函数，则 $f(x)$ 是奇函数．

(B) 设 $F(x)$ 是奇函数，则 $f(x)$ 是偶函数．

(C) 设 $F(x)$ 是周期函数，则 $f(x)$ 是周期函数．

(D) 设 $F(x)$ 是单调函数，则 $f(x)$ 是单调函数．

二、填空题

1. 设 $\int xf(x)\mathrm{d}x = \arcsin x + C$，则 $\int \dfrac{\mathrm{d}x}{f(x)}$

$=$ ＿＿＿＿＿＿＿．

2. 设 $f(x)$ 的一个原函数为 $(1+\sin x)\ln x$，则

$\int xf'(x)\mathrm{d}x =$ ＿＿＿＿＿＿＿．

三、计算题

1. $\int \dfrac{x^2}{1+x^2}\arctan x\,\mathrm{d}x$．

2. $\int (\arcsin x)^2\,\mathrm{d}x$．

3. $\int \dfrac{\ln x}{(1-x)^2}\,\mathrm{d}x$．

4. $\int \arcsin \sqrt{x}\,\mathrm{d}x$．

四、综合题

设 $F(x)$ 为 $f(x)$ 的原函数，当 $x \geqslant 0$ 时有 $f(x)F(x) = \sin^2 2x$，且 $F(0)=1, F(x)\geqslant 0$，求 $f(x)$．

第五章　定积分及其应用

同步练习 27(A)

学号_____　姓名_____　班序号_____

主要内容:定积分的概念与基本性质;定积分中值定理.

一、选择题

定积分 $\int_{\frac{1}{2}}^{1} x^2 \ln x \, dx$ (　　).

(A) 大于零.　　　　(B) 小于零.

(C) 等于零.　　　　(D) 不能确定.

二、填空题

1. 利用定积分的几何意义,确定下列积分的值.

(1) $\int_{-2}^{3} 2 \, dx = $ _____.

(2) $\int_{-2}^{2} \sqrt{4 - x^2} \, dx = $ _____.

2. 比较定积分的大小.

(1) $\int_0^1 \sqrt[3]{x} \, dx$ _____ $\int_0^1 x^3 \, dx$.

(2) $\int_0^1 e^{-x^2} \, dx$ _____ $\int_0^1 e^{-x^3} \, dx$.

三、计算题

估计定积分的值: $\int_{\frac{\pi}{4}}^{\frac{3\pi}{4}} (1 + \sin^2 x) \, dx$.

四、证明题

1. 设 $f(x)$ 在区间 $[0, 1]$ 上可微,且满足条件 $f(1) = 2\int_0^{\frac{1}{2}} x f(x) \, dx$,试证:存在 $\xi \in (0, 1)$,使 $f(\xi) + \xi f'(\xi) = 0$.

2. 设函数 $f(x)$ 与 $g(x)$ 在 $[a, b]$ 上连续,证明

$$\left[\int_a^b f(x) g(x) \, dx\right]^2 \leqslant \int_a^b f^2(x) \, dx \int_a^b g^2(x) \, dx.$$

同步练习 28(A)

学号＿＿＿＿＿　姓名＿＿＿＿＿　班序号＿＿＿＿＿

主要内容：积分上限函数及其导数；牛顿-莱布尼茨公式.

一、选择题

设 $\int_0^x f(t)\,dt = e^{2x} - 1$，则 $f(x)$ 等于（　　　）.

(A) $2e^{2x}$.　　　　　　(B) e^{2x}.

(C) $2xe^{2x}$.　　　　　　(D) $2xe^{2x-1}$.

二、填空题

求下列导数.

(1) $\dfrac{d}{dx}\displaystyle\int_0^1 \sin x^2\,dx = $ ＿＿＿＿＿＿＿＿.

(2) $\dfrac{d}{dx}\left(\displaystyle\int_0^x \sin x^2\,dx\right) = $ ＿＿＿＿＿＿＿＿.

(3) $\dfrac{d}{dx}\left(\displaystyle\int \sin x^2\,dx\right) = $ ＿＿＿＿＿＿＿＿.

三、计算题

1. 求下列导数.

(1) $\dfrac{d}{dx}\displaystyle\int_0^{x^2} t^2 e^{t^2}\,dt.$

(2) $\dfrac{d}{dx}\displaystyle\int_{\sqrt{x}}^{x^2} \dfrac{1}{\sqrt{1+t^2}}\,dt.$

2. 求极限 $\displaystyle\lim_{x\to 0}\dfrac{1}{x^3}\int_0^x\left(\dfrac{\sin t}{t} - 1\right)dt.$

3. 计算下列定积分.

(1) $\displaystyle\int_1^4\left(\sqrt{x} + \dfrac{1}{x^2}\right)dx.$

(2) $\displaystyle\int_0^1 \dfrac{x^4}{1+x^2}\,dx.$

(3) $\displaystyle\int_{-1}^1 |x^2 - x|\,dx.$

四、综合题

1. 求由方程

$$\int_0^y e^{t^2}\,dt + \int_0^x \dfrac{\cos t}{t}\,dt = \int_0^\pi \sin^2 t\,dt$$

所确定的隐函数 $y = y(x)$ 的导数.

2. 设连续函数 $f(x)$ 满足方程

$$f(x) = x - \int_0^1 f(x)\,dx,$$

求 $f(x)$.

同步练习 27(B)

学号_____ 姓名_____ 班序号_____

主要内容：参见同步练习 27(A)．

一、选择题

1. 曲线 $f(x) = x(x-1)(x-2)$ 与 x 轴所围成的

   图形的面积可表示为(　　)．

   (A) $\displaystyle\int_0^1 f(x)\mathrm{d}x$．

   (B) $\displaystyle\int_0^1 f(x)\mathrm{d}x - \int_1^2 f(x)\mathrm{d}x$．

   (C) $\displaystyle\int_0^2 f(x)\mathrm{d}x$．

   (D) $\displaystyle\int_0^1 f(x)\mathrm{d}x + \int_1^2 f(x)\mathrm{d}x$．

2. 设 $F(x)$ 是 $f(x)$ 的一个原函数，$M \Leftrightarrow N$ 表示命

   题 M 的充分必要条件是 N，则必有(　　)．

   (A) $F(x)$ 是偶函数 $\Leftrightarrow f(x)$ 是奇函数．

   (B) $F(x)$ 是奇函数 $\Leftrightarrow f(x)$ 是偶函数．

   (C) $F(x)$ 是周期函数 $\Leftrightarrow f(x)$ 是周期函数．

   (D) $F(x)$ 是单调函数 $\Leftrightarrow f(x)$ 是单调函数．

二、填空题

1. 利用定积分的几何意义，确定下列积分的值.

   (1) $\displaystyle\int_{-1}^1 (1-x)\mathrm{d}x = $ _____．

   (2) $\displaystyle\int_0^1 \sqrt{1-x^2}\,\mathrm{d}x = $ _____．

   (3) $\displaystyle\int_{-\pi}^{\pi} \sin x\mathrm{d}x = $ _____．

2. 比较定积分的大小.

   (1) $\displaystyle\int_1^e \ln x\mathrm{d}x$ _____ $\displaystyle\int_1^e \ln^2 x\mathrm{d}x$．

   (2) $\displaystyle\int_0^{\frac{\pi}{2}} \sin x\mathrm{d}x$ _____ $\displaystyle\int_0^{\frac{\pi}{2}} \cos x\mathrm{d}x$．

三、计算题

估计定积分的值：$\displaystyle\int_{-1}^3 \frac{x}{x^2+1}\mathrm{d}x$．

四、证明题

设函数 $f(x)$ 在 $[a, b]$ 上连续，$g(x)$ 在 $[a, b]$

上连续且不变号，证明至少存在一点 $\xi \in [a, b]$，使得

$$\int_a^b f(x)g(x)\mathrm{d}x = f(\xi)\int_a^b g(x)\mathrm{d}x.$$

同步练习 28(B)

学号_____ 姓名_____ 班序号_____

主要内容: 参见同步练习 28(A).

一、选择题

1. 设 $f(x) = \begin{cases} 1, & x > 0, \\ 0, & x = 0, \\ -1, & x < 0, \end{cases} F(x) = \int_0^x f(t)\mathrm{d}t$, 则

( ).

(A) $F(x)$ 在 $x = 0$ 不连续.

(B) $F(x)$ 在 $(-\infty, +\infty)$ 内连续,在 $x = 0$ 不可导.

(C) $F(x)$ 在 $(-\infty, +\infty)$ 内可导,且满足 $F'(x) = f(x)$.

(D) $F(x)$ 在 $(-\infty, +\infty)$ 内可导,但不一定满足 $F'(x) = f(x)$.

二、填空题

函数 $F(x) = \int_1^x \left(\dfrac{1}{2} - \dfrac{1}{\sqrt{t}} \right)\mathrm{d}t$ (其中 $x > 0$) 的单调减少区间为_____.

三、计算题

1. $\dfrac{\mathrm{d}}{\mathrm{d}x} \int_0^x (t^2 - x^2)\sin t\,\mathrm{d}t$.

2. $\lim\limits_{x \to +\infty} \dfrac{\int_0^x (\arctan t)^2 \mathrm{d}t}{\sqrt{x^2 + 1}}$.

3. $\int_0^{2\pi} \sqrt{\dfrac{1 - \cos 2x}{2}}\,\mathrm{d}x$.

四、证明题

1. 设 $f(x)$ 在 $[a, b]$ 上连续,在 (a, b) 内可导,且 $f'(x) \leqslant 0, F(x) = \dfrac{1}{x - a}\int_a^x f(t)\mathrm{d}t$. 证明:在 (a, b) 内有 $F'(x) \leqslant 0$.

2. 设 $f(x)$ 在 $[a, b]$ 上连续且单调增加,证明: $\int_a^b x f(x)\mathrm{d}x \geqslant \dfrac{a + b}{2}\int_a^b f(x)\mathrm{d}x$.

同步练习 29(A)

学号＿＿＿＿＿　姓名＿＿＿＿　班序号＿＿＿＿

主要内容: 定积分的换元积分法.

一、选择题

设 $a > 0$, 则 $\int_{-a}^{a} f(x)\mathrm{d}x = ($ $)$.

(A) $\int_{0}^{a} [f(x) + f(-x)]\mathrm{d}x$.

(B) $\int_{0}^{a} [f(x) + f(a-x)]\mathrm{d}x$.

(C) $\int_{0}^{a} [f(x) - f(-x)]\mathrm{d}x$.

(D) $\int_{0}^{a} [f(x) - f(a-x)]\mathrm{d}x$.

二、填空题

1. $\int_{-2}^{2} \left(x + \sqrt{4-x^2}\right)^2 \mathrm{d}x = $ ＿＿＿＿＿＿＿.

2. $\int_{-1}^{1} \dfrac{2 + \sin x}{1 + x^2} \mathrm{d}x = $ ＿＿＿＿＿＿＿.

3. $\int_{-\frac{\pi}{2}}^{\frac{\pi}{2}} (\sin^2 x + \sin^3 x)\, \mathrm{d}x = $ ＿＿＿＿＿＿＿.

4. $\int_{-\frac{\pi}{2}}^{\frac{\pi}{2}} \left(\dfrac{\sin x}{1 + \cos x} + |x|\right)\mathrm{d}x = $ ＿＿＿＿＿.

三、计算题

利用换元法计算下列定积分.

1. $\int_{0}^{\frac{\pi}{2}} \sin x \cos^3 x \mathrm{d}x$.

2. $\int_{0}^{a} x^2 \sqrt{a^2 - x^2}\, \mathrm{d}x$, 其中 $a > 0$.

3. $\int_{\frac{3}{4}}^{1} \dfrac{\mathrm{d}x}{\sqrt{1-x} - 1}$.

四、综合题

1. 设 $f(x) = \begin{cases} 1 + x^2, & x \leqslant 0, \\ \mathrm{e}^{-x}, & x > 0, \end{cases}$ 求 $\int_{1}^{3} f(x-2)\mathrm{d}x$.

2. 设 $f(x)$ 在 $[a, b]$ 上连续, 证明

$$\int_{a}^{b} f(x)\mathrm{d}x = (b-a)\int_{0}^{1} f[a + (b-a)x]\mathrm{d}x.$$

同步练习 30(A)

学号_____　姓名_____　班序号_____

主要内容:定积分的分部积分法.

一、选择题

设 $x^2 \sin x$ 是 $f(x)$ 的一个原函数,则定积分

$$\int_0^{\frac{\pi}{2}} x f'(x) \mathrm{d}x = (\qquad).$$

(A) π^2.　　　　　　(B) $\dfrac{\pi^2}{2}$.

(C) $\dfrac{\pi^2}{3}$.　　　　　　(D) $\dfrac{\pi^2}{4}$.

二、填空题

1. $\displaystyle\int_1^{\mathrm{e}} \ln x \mathrm{d}x = $ _____.

2. $\displaystyle\int_0^1 x \mathrm{e}^{-x} \mathrm{d}x = $ _____.

三、计算题

利用分部积分法计算下列定积分.

1. $\displaystyle\int_0^{1/2} \arcsin x \mathrm{d}x.$

2. $\displaystyle\int_1^{\mathrm{e}} x \ln x \mathrm{d}x.$

3. $\displaystyle\int_0^1 \mathrm{e}^{\sqrt{x}} \mathrm{d}x.$

四、综合题

求 $\displaystyle\int_0^2 f(x-1) \mathrm{d}x$,其中

$$f(x) = \begin{cases} x\sin x, & 0 \leqslant x \leqslant 1, \\ x^2, & -1 \leqslant x \leqslant 0. \end{cases}$$

五、证明题

设 $f(x)$ 在 $[0, 1]$ 上连续,且

$$g(x) = \int_0^x f(t) \mathrm{d}t,$$

证明 $\displaystyle\int_0^1 g(x) \mathrm{d}x = \int_0^1 (1-x) f(x) \mathrm{d}x.$

同步练习 29(B)

学号_____ 姓名_____ 班序号_____

主要内容:参见同步练习 29(A).

一、选择题

若 $\int_0^1 e^x f(e^x) dx = \int_a^b f(u) du$,则( ).

(A) $a=0$, $b=1$.   (B) $a=0$, $b=e$.

(C) $a=1$, $b=10$.   (D) $a=1$, $b=e$.

二、填空题

1. $\int_{-1}^1 \ln(x+\sqrt{1+x^2}) dx = $ _____.

2. $\int_0^1 \dfrac{1}{1+e^x} dx = $ _____.

3. $\int_0^1 x^{15} \sqrt{1+3x^8} dx = $ _____.

三、综合题

1. 若 $\int_x^{2\ln 2} \dfrac{dt}{\sqrt{e^t-1}} = \dfrac{\pi}{6}$,求 x.

2. 设 $f(x)$ 可微,$f(0)=0$,$f'(0)=1$,$F(x)=\int_0^x tf(x^2-t^2)dt$,求 $\lim\limits_{x\to 0} \dfrac{F(x)}{x^4}$.

3. 设 $f(x)$ 连续,$\varphi(x)=\int_0^1 f(xt)dt$,且 $\lim\limits_{x\to 0} \dfrac{f(x)}{x} = A$($A$ 为常数),求 $\varphi(x)$,并讨论 $\varphi(x)$ 在点 $x=0$ 处的连续性.

4. 设函数 $f(x)$ 连续,且 $\int_0^x tf(2x-t)dt = \dfrac{1}{2}\arctan x^2$,已知 $f(1)=1$,求 $\int_1^2 f(x)dx$.

同步练习 30(B)

学号＿＿＿＿＿　姓名＿＿＿＿　班序号＿＿＿＿

主要内容:参见同步练习 30(A).

一、选择题

设 $x^2\ln x$ 是 $f(x)$ 的一个原函数,则定积分

$$\int_1^e xf'(x)\mathrm{d}x = (\qquad).$$

(A) $e^2 - 1$. 　　　　(B) $2e^2 - 1$.

(C) $1 - e^2$. 　　　　(D) $1 - 2e^2$.

二、填空题

$$\int_1^4 \frac{\ln x}{\sqrt{x}}\mathrm{d}x = \underline{\hspace{3cm}}.$$

三、计算题

利用分部积分法计算下列定积分.

1. $\displaystyle\int_{\frac{\pi}{4}}^{\frac{\pi}{3}} \frac{x}{\sin^2 x}\mathrm{d}x.$

2. $\displaystyle\int_0^1 \sin\sqrt{x}\,\mathrm{d}x.$

四、综合题

1. 已知 $f(x) = \begin{cases} x^2, & x \leqslant 0, \\ xe^x, & x > 0, \end{cases}$ 求定积分 $\displaystyle\int_0^4 f(x-2)\mathrm{d}x.$

2. 设 $f(x)$ 有一个原函数为 $1 + \sin^2 x$,求

$$\int_0^{\frac{\pi}{2}} xf'(2x)\mathrm{d}x.$$

五、证明题

设 $f(x)$ 为连续函数,证明:

$$\int_0^x \left[\int_0^u f(t)\mathrm{d}t\right]\mathrm{d}u = \int_0^x (x-u)f(u)\mathrm{d}u.$$

同步练习 31(A)

学号_____ 姓名_____ 班序号_____

主要内容：无穷限的广义积分；无界函数的广义积分.

一、选择题

1. 下列广义积分收敛的是( ).

(A) $\int_0^{+\infty} \dfrac{\arctan x}{1+x^2}\mathrm{d}x.$ (B) $\int_0^{+\infty} \mathrm{e}^x \mathrm{d}x.$

(C) $\int_0^1 \dfrac{1}{x^2}\mathrm{d}x.$ (D) $\int_0^1 \dfrac{\ln x}{x}\mathrm{d}x.$

2. 下列各项正确的是( ).

(A) 反常积分 $\int_a^{+\infty} \dfrac{\mathrm{d}x}{x^p}(a>0)$，当 $p<1$ 时收敛；

     当 $p \geqslant 1$ 时发散.

(B) 反常积分 $\int_a^{+\infty} \dfrac{\mathrm{d}x}{x^p}(a>0)$，当 $p \geqslant 1$ 时收敛；

     当 $p < 1$ 时发散.

(C) 反常积分 $\int_a^b \dfrac{\mathrm{d}x}{(x-a)^q}$，当 $0<q<1$ 时收敛；

     当 $q \geqslant 1$ 时发散.

(D) 反常积分 $\int_a^b \dfrac{\mathrm{d}x}{(x-a)^q}$，当 $q \geqslant 1$ 时收敛；当

     $0<q<1$ 时发散.

二、填空题

1. 反常积分 $\int_0^a \dfrac{\mathrm{d}x}{\sqrt{a^2-x^2}}(a>0) = $ _____.

2. 反常积分 $\int_{\mathrm{e}}^{+\infty} \dfrac{\mathrm{d}x}{x\ln^2 x} = $ _____.

三、计算题

计算下列反常积分.

(1) $\int_0^{+\infty} \dfrac{\mathrm{d}x}{x^2+4x+8}.$

(2) $\int_1^{+\infty} \dfrac{\arctan x}{x^2}\mathrm{d}x.$

(3) $\int_0^1 \dfrac{\mathrm{d}x}{\sqrt{x(1-x)}}.$

(4) $\int_1^{\mathrm{e}} \dfrac{\mathrm{d}x}{x\sqrt{\ln x}}.$

四、综合题

设 a 为正常数，$\lim\limits_{x\to 1} \dfrac{\int_1^x \mathrm{e}^{at}\mathrm{d}t}{x-1} = \int_{-\infty}^1 \mathrm{e}^{ax}\mathrm{d}x$，求 a 的值.

同步练习 32(A)

学号＿＿＿＿＿　姓名＿＿＿＿　班序号＿＿＿＿

主要内容：平面图形的面积；平面曲线的弧长；旋转体的体积；平行截面面积为已知的立体体积.

一、选择题

1. 设 $y = x^2$ 与 $y = 2x$ 所围成图形的面积为 S，则（　）.

(A) $S = \displaystyle\int_0^2 (x^2 - 2x)\,\mathrm{d}x$.

(B) $S = \displaystyle\int_0^2 (2x - x^2)\,\mathrm{d}x$.

(C) $S = \displaystyle\int_0^2 (y^2 - 2y)\,\mathrm{d}y$.

(D) $S = \displaystyle\int_0^2 (2y - \sqrt{y})\,\mathrm{d}y$.

2. 由 $\sqrt{x} = y$，$x = 4$ 以及 x 轴所围成的平面图形绕 x 轴旋转一周所得旋转体的体积为（　）.

(A) 16π.　　　　(B) 32π.

(C) 8π.　　　　(D) 4π.

二、填空题

1. 曲线 $y = \sqrt{x} - \dfrac{1}{3}\sqrt{x^3}$ 相应于区间 $[1, 3]$ 上的一段弧的长度为＿＿＿＿＿＿＿.

2. 星形线 $x = a\cos^3 t$，$y = a\sin^3 t$ 的全长为＿＿＿＿＿＿＿.

三、计算题

1. 求由下列曲线所围成的平面图形的面积.

(1) $y = x^2$ 与 $y = 2 - x^2$.

(2) $y = \mathrm{e}^x$ 与 $x = 0$ 及 $y = \mathrm{e}$.

(3) $y = \dfrac{1}{x}$ 与 $y = x$ 及 $x = 2$.

2. 求由下列曲线所围成的平面图形绕指定坐标轴旋转而成的旋转体的体积.

(1) $y = \sqrt{x}$，$x = 1$，$x = 4$，$y = 0$，绕 x 轴.

(2) $y = x^3$，$x = 2$，x 轴，分别绕 x 轴与 y 轴.

同步练习 31(B)

学号＿＿＿＿＿　姓名＿＿＿＿　班序号＿＿＿＿

主要内容:参见同步练习 31(A) .

一、选择题

1. 下列广义积分中收敛的是( ).

(A) $\int_{e}^{+\infty} \frac{\ln x}{x}dx.$　　　(B) $\int_{e}^{+\infty} \frac{1}{x\ln x}dx.$

(C) $\int_{e}^{+\infty} \frac{1}{x(\ln x)^2}dx.$　(D) $\int_{e}^{+\infty} \frac{1}{x\sqrt[3]{\ln x}}dx.$

2. 下列各项正确的是( ).

(A) 当 $f(x)$ 为奇函数时,$\int_{-\infty}^{+\infty} f(x)dx = 0.$

(B) $\int_{0}^{4} \frac{1}{(x-3)^2}dx = \frac{-1}{x-3}\Big|_{0}^{4} = -\frac{4}{3}.$

(C) 反常积分 $\int_{a}^{+\infty} bf(x)dx$ 与 $\int_{a}^{+\infty} f(x)dx$ 有相同的敛散性.

(D) 令 $u = \arctan x$,则 $\int_{0}^{+\infty} \frac{\arctan x}{(1+x^2)^{\frac{3}{2}}}dx =$

$\int_{0}^{\frac{\pi}{2}} \frac{u\sec^2 u}{\sec^3 u}du = \int_{0}^{\frac{\pi}{2}} u\cos udu = u\sin u\Big|_{0}^{\frac{\pi}{2}} -$

$\int_{0}^{\frac{\pi}{2}} \sin udu = \frac{\pi}{2} - 1.$

二、填空题

1. 反常积分 $\int_{0}^{+\infty} \frac{1}{1+e^x}dx = $ ＿＿＿＿＿.

2. 若反常积分 $\int_{1}^{2} \frac{1}{(x-1)^k}dx$ 收敛,则参数 k 的取

值范围是＿＿＿＿＿＿＿＿.

三、综合题

1. 已知 $\int_{0}^{+\infty} \frac{\sin x}{x}dx = \frac{\pi}{2}$,求

(1) $\int_{0}^{+\infty} \frac{\sin x\cos x}{x}dx.$

(2) 计算反常积分 $\int_{0}^{+\infty} \frac{\sin^2 x}{x^2}dx.$

2. 计算反常积分 $\int_{0}^{+\infty} te^{-\mu}dt(p > 0).$

四、应用题

已知 $\lim\limits_{x\to+\infty} \left(\frac{x-a}{x+a}\right)^x = \int_{a}^{+\infty} 4x^2 e^{-2x}dx$,求常数 a.

同步练习 32(B)

学号_____ 姓名_____ 班序号_____

主要内容: 参见同步练习 32(A).

一、选择题

1. 由曲线 $y = e^x$，$x = 0$ 与 $y = 2$ 所围成的曲边梯形的面积为( ).

(A) $\int_1^2 \ln y \, dy$.   (B) $\int_0^{e^2} e^x \, dy$.

(C) $\int_1^{\ln 2} \ln y \, dy$.   (D) $\int_1^2 (2 - e^x) \, dx$.

2. 如下图,阴影部分面积为( ).

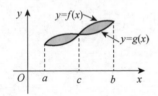

(A) $\int_a^b [f(x) - g(x)] \, dx$.

(B) $\int_a^c [g(x) - f(x)] \, dx + \int_c^b [f(x) - g(x)] \, dx$.

(C) $\int_a^b [f(x) - g(x)] \, dx + \int_c^b [g(x) - f(x)] \, dx$.

(D) $\int_a^b [g(x) + f(x)] \, dx$.

二、填空题

摆线 $\begin{cases} x = 1 - \cos t \\ y = t - \sin t \end{cases}$ 的一拱 $(0 \leqslant t \leqslant 2\pi)$ 的弧长为_____.

三、计算题

1. 求抛物线 $y^2 = 2px$，$p > 0$ 与其在点 $\left(\dfrac{p}{2}, p\right)$ 处的法线所围成的平面图形的面积.

2. 求心形线 $\rho = 1 + \cos \theta$ 与圆 $\rho = 3\cos \theta$ 所围公共部分的面积.

3. 设当 $0 \leqslant x \leqslant 1$ 时, $y = 3ax^2 + 2bx \geqslant 0$. 已知以曲线 $y = 3ax^2 + 2bx$ 为曲边, x 轴上区间 $[0, 1]$ 为底边的曲边梯形的面积为 1,试确定 a, b 的值,使得该曲边梯形绕 x 轴旋转所成旋转体的体积最小.

同步练习 33(A)

学号＿＿＿＿＿＿ 姓名＿＿＿＿＿ 班序号＿＿＿＿＿

主要内容: 功;引力;压力.

一、选择题

1. 横截面为 S,深为 H 的水池装满水,把水全部抽到离池口高为 h 的水塔上,设水的密度为 ρ,则所做功 $W = ($).(x 轴建立在池底)

   (A) $\int_0^H S(h+H-y)\rho g\,dy$.

   (B) $\int_0^h S(h+H-y)\rho g\,dy$.

   (C) $\int_0^H S(h-y)\rho g\,dy$.

   (D) $\int_0^{H+h} S(h+H-y)\rho g\,dy$.

2. 已知水的密度为 ρ,重力加速度为 g. 矩形闸门宽 a 米,高 b 米,垂直放在水中,若上沿与水面平齐,则闸门的压力 $P = ($).

   (A) $\int_0^b \rho gah\,dh$.   (B) $\int_0^a \rho gah\,dh$.

   (C) $\int_0^b \frac{1}{2}\rho gah\,dh$.   (D) $\int_0^b 2\rho gah\,dh$.

3. 力 $F = 20x - x^3$ 拉伸一个弹簧,把弹簧从 $x=0$ 拉到 $x=2$,力 F 所做的功为( ).

   (A) $50\frac{2}{15}$.   (B) 36.

   (C) 18.   (D) $40\frac{1}{3}$.

二、填空题

1. 弹簧自然长度为 1 米,如果 30 牛的力能将弹簧拉长到 2 米. 问把弹簧拉长 1 米,需要做功＿＿＿＿＿＿＿ 焦耳.

2. 非均匀棒 OA 长为 a,其密度函数 $\rho(x) = a - x^2$,其中 x 是棒上一点到原点 O 距离,在 A 点有一质量为 m 的质点,则棒对这一质点的引力是＿＿＿＿＿＿＿.

三、计算题

1. 将边长为 a 的正方形薄板铅直地浸入水中,其上底边与水面平齐,求薄板一侧所受的水压力(设水的密度为 ρ).

2. 一个高为半径为 3 米的半球形水池,盛满水,欲将池中的水全部吸出,至少需作多少功?

3. 直径为 20 厘米,高为 80 厘米的圆柱体内充满压强为 10 牛／厘米^2,设温度保持不变,要使蒸汽体积缩小一半,问需要做功多少?

同步练习 34(A)

学号＿＿＿＿＿　姓名＿＿＿＿　班序号＿＿＿＿

主要内容：定积分及其应用综合练习，主要包括：定积分的概念与性质；微积分的基本公式；定积分的换元法；分部积分法以及定积分的几何与物理应用等内容.

一、选择题

1. 定积分 $\int_{1/2}^{1} x^2 \ln x \, \mathrm{d}x$（　　）.

(A) 大于零.

(B) 小于零.

(C) 等于零.

(D) 不能确定.

2. 设函数 $f(x)$ 在 $[a, b]$ 上连续，$F(x) = \int_a^x f(t)\mathrm{d}t$，则以下结论中错误的是（　　）.

(A) $F(x)$ 在 $[a, b]$ 上连续.

(B) $F(x)$ 在 $[a, b]$ 上可导且 $F'(x) = f(x)$.

(C) $\int_a^b f(t)\mathrm{d}t = F(b)$.

(D) $F(x)$ 是 $f(x)$ 在 $[a, b]$ 上唯一的原函数.

3. $\int_{-1}^{1} \dfrac{1}{x^2}\mathrm{d}x = $（　　）.

(A) 2.　　　　　　(B) -2.

(C) 0.　　　　　　(D) 发散.

二、填空题

1. $\int_0^2 \sqrt{2x - x^2}\,\mathrm{d}x = $ ＿＿＿＿＿＿＿＿.

2. 由方程 $\int_0^y t^2\mathrm{d}t + \int_0^{x^2} \dfrac{\sin t}{\sqrt{t}}\mathrm{d}t = 1 (x > 0)$ 确定的函数 $y = y(x)$ 的导数 $\dfrac{\mathrm{d}y}{\mathrm{d}x} = $ ＿＿＿＿＿＿＿.

3. $\int_{\frac{2}{\pi}}^{+\infty} \dfrac{1}{x^2} \cdot \sin\dfrac{1}{x}\mathrm{d}x = $ ＿＿＿＿＿＿＿.

4. 设 $f(x)$ 是连续函数，且 $f(x) = x + 3\int_0^1 f(t)\mathrm{d}t$，则 $f(x) = $ ＿＿＿＿＿＿＿.

三、计算题

1. $\lim\limits_{x \to 0} \dfrac{\left(\int_0^x \ln(1+t)\mathrm{d}t \right)^2}{x^4}$.

2. $\int_{-2}^{2} (|x| + x)\mathrm{e}^{-|x|}\mathrm{d}x$.

3. $\int_0^1 x\sqrt{3 - 2x}\,\mathrm{d}x$.

4. $\int_0^1 x\ln(1+x)\mathrm{d}x$.

同步练习 33(B)

学号_____　姓名_____　班序号_____

主要内容：参见同步练习 33(A).

一、选择题

1. 在 x 轴上有一位于区间 $[-l,\ 0]$ 的细杆,其线密度为 μ,在坐标为 a 处有一质量为 m 的质点. 已知引力系数为 k,则质点与细杆之间引力的大小为(　　).

(A) $2\displaystyle\int_0^{\frac{l}{2}} \dfrac{km\mu}{(a+x)^2}\mathrm{d}x.$

(B) $\displaystyle\int_0^l \dfrac{km\mu}{(a-x)^2}\mathrm{d}x.$

(C) $2\displaystyle\int_{-\frac{l}{2}}^0 \dfrac{km\mu}{(a+x)^2}\mathrm{d}x.$

(D) $\displaystyle\int_{-l}^0 \dfrac{km\mu}{(a-x)^2}\mathrm{d}x.$

2. 一直立水坝中有一矩形闸门,宽 10 米,深 6 米,当水面在闸门顶上 8 米时,闸门所受水的压力是(　　).

(A) 1 764(千牛).　　(B) 2 940(千牛).

(C) 6 468(千牛).　　(D) 7 466(千牛).

二、填空题

1. 两质点的质量分别为 M 和 m,相距 x,其相互作用力为 $\dfrac{kmMx}{(a+x^2)^{3/2}}$,其中 k、a 为常数,将一质点移至另一质点,则作用力的功为_____(J).

2. 非均匀棒 OA 长为 5,其密度函数 $\rho(x)=7-x$,其中 x 是棒上一点到原点 O 距离,在 OA 延长线上距 A 点为 2 单位长度处,有一质量为 1 的质点 B. 设引力常数为 1,则棒对质点的引力是_____.

四、应用题

1. 半径为 R 米的球沉入水中,球的顶部与水面相切,球的密度与水相同,若将球从水中取出,需作多少功?

2. 长为 a,宽为 b 的矩形薄板,与水面成 α 角斜沉于水中,长边平行于水面而位于水深 h 处. 设 $a>b$,水的密度为 γ,试求薄板所受的水压力 P.

同步练习 34(B)

学号_____ 姓名_____ 班序号_____

主要内容: 参见同步练习 34(A).

一、选择题

1. 设 $f(x)$ 为连续函数，则 $\dfrac{\mathrm{d}}{\mathrm{d}x}\left[\displaystyle\int_x^{x^2} f(t)\mathrm{d}t\right]=$

( ).

(A) $2xf(x^2)-f(x)$.

(B) $2xf(x^2)$.

(C) $f(x)$.

(D) $(2x-1)f(x)$.

2. 设函数 $f(x)$ 在 $(0,+\infty)$ 内连续，且

$$I=\frac{1}{s}\int_0^s f\left(t+\frac{x}{s}\right)\mathrm{d}x, s>0, t>0,$$

则 I 的值( ).

(A) 依赖于 s, t, x.

(B) 依赖于 s, t.

(C) 依赖于 t, 不依赖于 s.

(D) 依赖于 s, 不依赖于 t.

二、填空题

1. $\displaystyle\lim_{x\to 0}\dfrac{\displaystyle\int_0^x t(\mathrm{e}^t-1)\mathrm{d}t}{x^3}=$ _____.

2. 设 $\displaystyle\lim_{x\to\infty}\left(\dfrac{x+a}{x-a}\right)^x=\int_{-\infty}^a t\mathrm{e}^{2t}\mathrm{d}t$, 则 $a=$ _____.

三、计算题

1. $\displaystyle\int_0^1 \dfrac{\arctan\sqrt{x}}{\sqrt{x}\,(1+x)}\mathrm{d}x$.

2. $\displaystyle\int_{-1}^1 |x^2-x|\,\mathrm{d}x$.

3. 设 $f(x)=\begin{cases}\sin x, & 0\leqslant x\leqslant\dfrac{\pi}{2}, \\ 1, & \dfrac{\pi}{2}<x\leqslant\pi,\end{cases}$ 求 $\Phi(x)=$

$\displaystyle\int_0^x f(t)\mathrm{d}t$, 并讨论 $\Phi(x)$ 在区间 $[0,\pi]$ 上的连续性.

4. 计算 $\displaystyle\int_0^\pi f(x)\mathrm{d}x$, 其中 $f(x)=\displaystyle\int_0^x \dfrac{\sin t}{\pi-t}\mathrm{d}t$.

第六章 常微分方程

同步练习 35(A)

学号_____   姓名_____   班序号_____

主要内容：常微分方程的基本概念；可分离变量的微分方程.

一、选择题

1. 下列所给方程中，不是微分方程的是（   ）.

(A) $xy' = 2y$.

(B) $x^2 + y^2 = C^2$.

(C) $y'' + y = 0$.

(D) $(7x - 6y)\mathrm{d}x + (x + y)\mathrm{d}y = 0$.

2. 微分方程 $5y^4 y' + xy'' - 2y''' = 0$ 的阶是（   ）.

(A) 1.   (B) 2.

(C) 3.   (D) 4.

3. 微分方程 $y' - y\cot x = 0$ 的通解是（   ）.

(A) $y = C\cos x$.

(B) $y = C\sin x$.

(C) $y = C\tan x$.

(D) $y = C\csc x$.

二、填空题

1. 微分方程 $\dfrac{\mathrm{d}y}{\mathrm{d}x} = x^2 \tan y$ 的通解是_____.

2. 微分方程 $\dfrac{\mathrm{d}y}{\mathrm{d}x} + p(x)y = 0$ 的通解是_____.

三、计算题

1. 求微分方程 $yy' + e^{2x+y^2} = 0$ 满足初始条件 $y(0) = \sqrt{\ln 2}$ 的一个特解.

2. 求微分方程 $(1 + x^2)\mathrm{d}y = 2\arctan x\,\mathrm{d}x$，满足初始条件 $y(0) = 1$ 的特解.

四、综合题

设曲线在点 $P(x, y)$ 处的法线与 x 轴的交点为 Q，PQ 被 y 轴平分，求该曲线方程.

同步练习 36(A)

学号＿＿＿＿＿ 姓名＿＿＿ 班序号＿＿＿

主要内容： 齐次微分方程；一阶线性微分方程；伯努利方程.

一、计算题

1. 求微分方程 $xy' = y\left(\ln\dfrac{y}{x} + 1\right)$ 的通解.

2. 求微分方程 $y' = \dfrac{x}{y} + \dfrac{y}{x}$ 满足初始条件 $y\big|_{x=1} = 2$ 的特解.

3. 求微分方程 $\dfrac{\mathrm{d}y}{\mathrm{d}x} + 2xy = 4x$ 的通解.

4. 求微分方程 $y\mathrm{d}x + (1+y)x\mathrm{d}y = \mathrm{e}^{y}\mathrm{d}y$ 的通解.

二、综合题

设连续函数 $y(x)$ 满足 $y(x) = \displaystyle\int_{0}^{x} y(t)\mathrm{d}t + \mathrm{e}^{x}$，求 $y(x)$.

同步练习 35(B)

学号_____   姓名_____   班序号_____

主要内容：参见同步练习 35(A) .

一、选择题

如果一条曲线在任意一点的切线斜率等于 $-\dfrac{2x}{y}$，则这条曲线是(   ).

(A) 椭圆.   (B) 抛物线.

(C) 双曲线.   (D) 圆.

二、填空题

微分方程 $\left(\dfrac{\mathrm{d}y}{\mathrm{d}x}\right)^n + \dfrac{\mathrm{d}y}{\mathrm{d}x} - y^2 + x^2 = 0$ 的阶

是_____.

三、计算题

求微分方程 $\dfrac{\mathrm{d}y}{\mathrm{d}x} - 3xy = xy^2$ 的通解.

三、综合题

1. 求一曲线，使其任意一点的切线与过切点平行于 y 轴的直线和 x 轴所围成三角形面积等于常数 k.

2. 质量为 $1\,\mathrm{g}$ 的质点受外力作用作直线运动，该外力和时间成正比，和质点运动的速度成反比. 在 $t = 10\,\mathrm{s}$ 时，速度等于 $v = 50$ 厘米／秒，外力为 $F = 4$ 克·厘米／秒^2，问 1 分钟后质点的速度是多少？

同步练习 36(B)

学号＿＿＿＿　姓名＿＿＿＿　班序号＿＿＿＿

主要内容: 参见同步练习 36(A).

一、选择题

下列微分方程是线性方程的是(　　).

(A) $\dfrac{\mathrm{d}y}{\mathrm{d}x} = \dfrac{y}{x}$.

(B) $y' + y = y^2 \cos x$.

(C) $y' = y^3 + \sin x$.

(D) $y'^2 + 6y' = 1$.

二、填空题

形如 $\dfrac{\mathrm{d}y}{\mathrm{d}x} = g\left(\dfrac{y}{x}\right)$ 的微分方程方程称为

＿＿＿＿＿＿＿＿＿＿＿.

三、计算题

1. 求微分方程 $(y^2 - 3x^2)\mathrm{d}y + 2xy\mathrm{d}x = 0$ 满足初

始条件 $y\,|_{x=0} = 1$ 的特解.

2. 求微分方程 $\dfrac{\mathrm{d}y}{\mathrm{d}x} = \dfrac{y}{2x - y^2}$ 的通解.

3. 求微分方程 $y' = \dfrac{xy}{x^2 - 1} + xy^{\frac{1}{2}}$ 的通解.

4. 求微分方程 $y' = \dfrac{y}{2(\ln y - x)}$ 的通解.

同步练习 37(A)

学号_____ 姓名_____ 班序号_____

主要内容：可降阶的高阶微分方程.

一、选择题

微分方程 $(1+x^2)y'' + 2xy' = 0$ 满足初始条件 $y(0) = 0, y'(0) = 1$ 的特解为（   ）.

(A) $y = \arctan x$.   (B) $y = \arccos x$.

(C) $y = \arcsin x$.   (D) $y = \text{arccot}\, x$.

二、填空题

已知二阶微分方程为 $y'' = e^{2x} + x$，其通解

为_____.

三、计算题

1. 求微分方程 $y'' = y' + x$ 的通解.

2. 求微分方程 $yy'' - 2(y')^2 = 0$ 的通解.

3. 求解微分方程 $\begin{cases} (1+x^2)y'' = 2xy' \\ y\,|_{x=0} = 2, \ y'\,|_{x=0} = 3 \end{cases}$.

四、综合题

一辆汽车沿高速公路以 30 米／秒的速度行驶，当看见前方 100 米处发现事故立即刹车，其运动规律 $s = s(t)$ 满足微分方程 $\dfrac{d^2 s}{dt^2} = -a (a > 0$ 为汽车加速度），问汽车需要多少加速度才能保证安全?

同步练习 38(A)

学号＿＿＿＿＿　姓名＿＿＿＿　班序号＿＿＿＿

主要内容：二阶线性微分方程解的结构；二阶常系数齐次线性微分方程.

一、选择题

1. 以下函数组线性无关的是(　　).

(A) e^x，e^{x+1}.　　　　(B) x^2，$3x^2$.

(C) $\sin^2 x$，$\sin x$.　　(D) $\ln x$，$\ln x^2$.

2. 设 y_1，y_2 是 $y'' + p(x)y' + q(x)y = 0$ 的解，则(　　)也是方程的解.

(A) $y_1 y_2$.　　　　(B) $y_1 + \dfrac{y_1}{y_2}$.

(C) $\dfrac{y_1}{y_2}$.　　　　(D) $y_1 + y_2$.

3. 设 y_1，y_2 是 $y'' + p(x)y' + q(x)y = f(x)$ ($f(x) \neq 0$) 的解，则(　　)也是方程的解.

(A) $y_1 + y_2$.　　　　(B) $\dfrac{y_1 + y_2}{2}$.

(C) $y_1 - y_2$.　　　　(D) $\dfrac{y_1 - y_2}{2}$.

二、填空题

1. 设 y_1，y_2 是二阶齐次线性微分方程的两个线性无关的解，其通解为＿＿＿＿＿＿＿＿(C_1、C_2 为独立的任意常数).

2. 设二阶常系数齐次线性微分方程的一个特解为 $y = xe^{2x}$，则此微分方程是＿＿＿＿＿＿＿.

三、计算题

1. 求下列齐次线性微分方程方程的通解.

(1) $y'' + y' - 2y = 0$.

(2) $y'' + 6y' + 13y = 0$.

(3) $y'' + 4y' + 4y = 0$.

2. 验证 $y = C_1 x^2 + C_2 x^2 \ln x$（$C_1$、$C_2$ 是任意常数）是方程 $x^2 y'' - 3xy' + 4y = 0$ 的通解.

同步练习 37(B)

学号_____　姓名_____　班序号_____

主要内容:参见同步练习 37(A).

一、选择题

微分方程 $(1+x^2)y'' + 2xy' = 0$ 满足初始条件 $y(0) = 0$，$y'(0) = 1$ 的特解为(　　　).

(A) $y = \arctan x$.　　(B) $y = \arccos x$.

(C) $y = \arcsin x$.　　(D) $y = \text{arccot}\, x$.

二、填空题

微分方程 $y'' = \mathrm{e}^{3x} + \sin x$ 的通解为 $y = $

_____.

三、计算题

1. 求微分方程 $y'' - \dfrac{y'}{x} = x$ 的通解.

2. 求微分方程 $\mathrm{e}^x y'' + (y')^2 = 0$ 满足初始条件 $y\big|_{x=0} = 0$，$y'\big|_{x=0} = -\dfrac{1}{2}$ 的特解.

3. 求微分方程 $y'' = \dfrac{3}{2}y^2$ 满足初始条件 $y\big|_{x=0} = 1$，$y'\big|_{x=0} = 1$ 的特解.

四、综合题

某介质中一运动质点,在外力与阻力的共同作用下,其运动规律 $y = y(t)$ 满足二阶微分方程 $(1-t^2)y'' - ty' = 0$,求该质点的运动规律(运动满足初始条件 $y\big|_{t=0} = 0$，$y'\big|_{t=0} = 1$).

同步练习 38(B)

学号_____   姓名_____   班序号_____

主要内容:参见同步练习 38(A).

一、选择题

设 y_1 和 y_2 是二阶齐次线性微分方程

$$y'' + P(x)y' + Q(x)y = 0$$

的两个特解,则 $y = C_1 y_1 + C_2 y_2(C_1,C_2$ 为任意常数)(   ).

(A) 是方程的通解.   (B) 是方程的解.

(C) 是该方程的特解. (D) 未必是方程的解.

二、填空题

1. 设 e^x,e^{x+1},xe^x 是二阶齐次线性微分方程的三个解,则其通解为_____.

2. 微分方程 $y'' + 2y' + 2y = 0$ 的通解为 $y =$ _____.

三、计算题

1. 求以 $y = e^x(C_1 \cos 2x + C_1 \sin 2x$ 为通解的二阶常系数齐次线性微分方程.

2. 求微分方程

$$y^{(4)} - 4y''' + 10y'' - 12y' + 5y = 0$$

的通解.

3. 已知二阶线性微分方程

$$y'' + p(x)y' + q(x)y = f(x)$$

的三个特解 $y_1 = x$,$y_2 = x^2$,$y_3 = e^{3x}$,试求此方程满足 $y(0) = 0$,$y'(0) = 3$ 的特解.

三、证明题

设 $y_1(x)$,$y_2(x)$ 是二阶线性微分方程

$$y'' + p(x)y' + q(x)y = f(x)$$

的解,证明 $y_1(x) - y_2(x)$ 是对应齐次微分方程的解.

同步练习 39(A)

学号＿＿＿＿＿　　姓名＿＿＿＿　　班序号＿＿＿＿

主要内容：二阶常系数非齐次线性微分方程.

一、选择题

设 y_1，y_2 和 y_3 是二阶常系数非齐次线性微分方程 $y'' + py' + qy = f(x)$ 的三个线性无关的特解，则其通解为（　　）.

(A) $y = C_1 y_1 + C_2 y_2 + C_3 y_3$.

(B) $y = C_1 y_1 + C_2 y_2 + y_3$.

(C) $y = C_1 y_1 + C_2 y_2$.

(D) $y = C_1(y_1 - y_2) + C_2(y_1 - y_3) + y_3$.

其中 C_1，C_2 为任意常数.

二、填空题

1. 方程 $y'' + py' + qy = p_m(x)e^{\lambda x}$ 的一个特解可设为 $y^* = x^k Q_m(x)e^{\lambda x}$. 假设 λ 不是特征方程的根，则 $k = $ ＿＿＿＿＿＿＿＿＿.

2. 求微分方程 $y'' - 2y' - 3y = 3x + 5$ 的一个特解 ＿＿＿＿＿＿＿＿＿.

三、计算题

1. 求下列非齐次线性微分方程的通解.

(1) $y'' + 3y' + 2y = 3xe^{-x}$.

(2) $y'' + 5y' + 4y = 3 - 2x$.

2. 求以 $y = (C_1 + C_2 x + x^2)e^{-2x}$ 为通解的二阶微分方程.

同步练习 40(A)

学号_____　姓名_____　班序号_____

主要内容：微分方程综合练习，主要包括：微分方程的基本概念；一阶微分方程的求解；可降阶的高阶微分方程；高阶线性微分方程；二阶常系数齐次和非齐次线性微分方程等内容.

一、选择题

1. 微分方程 $F(x, y^4, y', (y'')^2) = 0$ 的通解中含有几个独立常数(　　).

(A) 1. 　　　　　　(B) 2.

(C) 3. 　　　　　　(D) 4.

2. 设常数 p 和 q 满足 $p^2 - 4q = 0$，$p \neq 0$，则微分方程 $y'' + py' + qy = 0$ 的通解是(　　).

(A) $y = C e^{-\frac{p}{2}x}$.

(B) $y = Cx e^{-\frac{p}{2}x}$.

(C) $y = (C_1 + C_2 x) e^{-\frac{p}{2}x}$.

(D) $y = C_1 + C_2 x$.

二、填空题

1. 微分方程 $y' = 2xy$ 的通解为 $y = $ _____.

2. 微分方程 $y' + y\tan x = \cos x$ 的通解为 $y = $ _____.

3. 微分方程 $y'' = \dfrac{1}{1+x^2}$ 的通解为 $y = $ _____.

三、计算题

1. 求下列微分方程的通解.

(1) $(2^{x+y} - 2^x)dx + (2^{x+y} + 2^y)dy = 0$.

(2) $(x^3 + y^3)dx - 3xy^2 dy = 0$.

(3) $y\ln y\, dx + (x - \ln y)dy = 0$.

2. 求下列微分方程的通解或特解.

(1) $y'' + 2xy' = e^{-x^2}$，$y|_{x=0} = 0$，$y'|_{x=0} = 0$.

(2) $y'' - 5y' + 6y = 2xe^{3x}$.

同步练习 39(B)

学号＿＿＿＿＿＿   姓名＿＿＿＿   班序号＿＿＿＿

主要内容：参见同步练习 39(A).

一、选择题

设线性无关的函数 y_1，y_2 与 y_3 都是二阶非齐次线性方程 $y'' + P(x)y' + Q(x)y = f(x)$ 的解，C_1，C_2 为任意常数，则该方程的通解是(　　).

(A) $C_1 y_1 + C_2 y_2 + y_3$.

(B) $C_1 y_1 + C_2 y_2 + (C_1 + C_2)y_3$.

(C) $C_1 y_1 + C_2 y_2 - (1 + C_1 + C_2)y_3$.

(D) $C_1 y_1 + C_2 y_2 + (1 - C_1 - C_2)y_3$.

二、计算题

1. 设 $y_1 = 3$，$y_2 = 3 + x^2$，$y_3 = 3 + x^2 + e^x$ 都是 $(x^2 - 2x)y'' - (x^2 - 2)y' + (2x - 2)y = 6x - 6$ 的解，求此微分方程的通解.

2. 求微分方程 $y'' + y' = 2x^2 e^x$ 的通解.

三、综合题

设连续函数 $f(x)$ 满足方程

$$f(x) = e^x + \int_0^x (t - x)f(t)\mathrm{d}t,$$

求 $f(x)$.

同步练习 40(B)

学号_____　　姓名_____　　班序号_____

主要内容:参见同步练习 40(A).

一、选择题

1. 设 y_1 和 y_2 是 $y'' + py' + qy = f(x)$ 的两个特解，则以下结论正确的是(　　).

(A) $y_1 + y_2$ 仍是该方程的解.

(B) $y_1 - y_2$ 仍是该方程的解.

(C) $y_1 + y_2$ 是方程 $y'' + py' + qy = 0$ 的解.

(D) $y_1 - y_2$ 是方程 $y'' + py' + qy = 0$ 的解.

2. 设 $f(x)$ 满足 $f(x) = \int_0^{2x} f\left(\dfrac{t}{2}\right) dt + \ln 2$，则 $f(x) = ($　　$)$.

(A) $e^x \ln 2$.

(B) $e^{2x} \ln 2$.

(C) $e^x + \ln 2$.

(D) $e^{2x} + \ln 2$.

二、填空题

1. 微分方程 $y'' + 2y' + 5y = 0$ 的通解为 $y = $ _____.

2. 设 $y = e^x(C_1 \sin x + C_2 \cos x)(C_1 、C_2$ 为任意常数) 为某二阶常系数线性齐次微分方程的通解,则该方程为_____.

3. 微分方程 $y'' - 4y' = e^{2x}$ 的通解为 $y = $ _____.

三、计算题

1. 求下列微分方程的特解或通解.

(1) $xy' + y = y^2$，$y|_{x=1} = \dfrac{1}{2}$.

(2) $y(xy+1)dx + x(1+xy+x^2 y^2)dy = 0$.

2. 求下列微分方程的特解或通解.

(1) $y'' = y'^2$，$y|_{x=0} = 0$，$y'|_{x=0} = -1$.

(2) $y^{(4)} + 2y'' + y = 0$.

同步测试(三)

学号_____ 姓名_____ 班序号_____

一、填空题(本题有 5 小题,每小题 4 分,共 20 分)

1. 已知 $F'(x) = f(x)$,则 $\int (x^2-1)f(x^3-3x+1)\mathrm{d}x = $ _____.

2. 设 $x^2\cos x$ 是 $f(x)$ 的一个原函数,则不定积分 $\int xf'(x)\mathrm{d}x = $ _____.

3. 设 $f(x)$ 是连续函数,且 $f(x) = 3x - 2\int_0^1 f(x)\mathrm{d}x$,则 $f(x) = $ _____.

4. 设曲线由参数方程 $\begin{cases} x + \varphi(t), \\ y = \psi(t) \end{cases}$ $(\alpha \leqslant t \leqslant \beta)$ 给出,其中函数 $\varphi(t)$ 和 $\psi(t)$ 在区间 $[\alpha, \beta]$ 上有连续的导数,则曲线的弧长为 _____.

5. 微分方程 $\dfrac{\mathrm{d}^2 y}{\mathrm{d}x^2} + \sin 2x = 0$ 的通解为 _____.

二、单项选择题(本题有 6 小题,每小题 3 分,共 18 分)

1. 函数 $f(x)$ 在 $[a, b]$ 上连续是 $\int_a^b f(x)\mathrm{d}x$ 存在的( ).

  (A) 充分条件.

  (B) 必要条件.

  (C) 充要条件.

  (D) 无关条件.

2. 利用定积分的几何意义,判别下列等式中错误的是( ).

  (A) $\displaystyle\int_0^{\frac{\pi}{2}} \cos x\mathrm{d}x = \int_0^{\frac{\pi}{2}} \sin x\mathrm{d}x$.

  (B) $\displaystyle\int_{-\frac{\pi}{2}}^{\frac{\pi}{2}} \cos x\mathrm{d}x = 2\int_0^{\frac{\pi}{2}} \cos x\mathrm{d}x$.

  (C) $\displaystyle\int_{-a}^{a} \sqrt{a^2-x^2}\,\mathrm{d}x = \frac{1}{2}\pi a^2\ (a > 0)$.

  (D) $\displaystyle\int_{-\frac{\pi}{2}}^{\frac{\pi}{2}} \sin x\mathrm{d}x = 2\int_0^{\frac{\pi}{2}} \sin x\mathrm{d}x$.

3. 若 $f(x)$ 为连续的偶函数,C 是任意常数,则下列结论正确的是( ).

  (A) $\displaystyle\int_0^x f(t)\mathrm{d}t + C$ 是奇函数.

  (B) $\displaystyle\int_0^x f(t)\mathrm{d}t$ 是奇函数.

  (C) $\displaystyle\int_0^x f(x)\mathrm{d}t + C$ 是偶函数.

  (D) $\displaystyle\int_0^x f(t)\mathrm{d}t$ 是偶函数.

4. 下列反常积分中发散的是( ).

  (A) $\displaystyle\int_0^{+\infty} \frac{1}{1+x^2}\mathrm{d}x$.

  (B) $\displaystyle\int_{-\infty}^0 \mathrm{e}^x\mathrm{d}x$.

  (C) $\displaystyle\int_0^1 \frac{1}{x^2}\mathrm{d}x$.

  (D) $\displaystyle\int_0^1 \frac{1}{\sqrt{1-x^2}}\mathrm{d}x$.

5. 如果一条曲线在任意一点的切线斜率等于 $-\dfrac{2x}{y}$,$y \neq 0$,则这条曲线是( ).

  (A) 椭圆.   (B) 抛物线.

  (C) 双曲线.   (D) 圆.

6. 求解微分方程 $y'' - 10y' + 25y = \mathrm{e}^{5x}$ 的通解时,可设其特解为( ).

  (A) $y^* = x(Ax+B)$,其中 A,B 是任意常数.

  (B) $y^* = Ax^2$,其中 A 是任意常数.

  (C) $y^* = (Ax+B)\mathrm{e}^{5x}$,其中 A,B 是任意常数.

  (D) $y^* = Ax^2\mathrm{e}^{5x}$,其中 A 是任意常数.

三、计算题(本题有 5 小题,每小题 6 分,共 30 分)

1. (6 分) 求极限 $\displaystyle\lim_{x\to 0} \frac{\int_0^{x^2} \ln(1+t)\mathrm{d}t}{\int_0^x (t-\sin t)\mathrm{d}t}$.

2.（6分）求不定积分 $\int \arctan \sqrt{x}\,\mathrm{d}x$.

3.（6分）求定积分 $\displaystyle\int_1^{\mathrm{e}} \frac{1}{x(1+\ln x)^2}\,\mathrm{d}x$.

4.（6分）求微分方程 $xy'' + y' = 0$ 的通解.

5.（6分）求解初值问题

$$\begin{cases} y'' - 10y' - 11y = 0, \\ y\big|_{x=0} = 0,\ y'\big|_{x=0} = -12. \end{cases}$$

四、应用题(本题有 3 小题,每小题 7 分,共 21 分)

1.（7分）竖直放置的直径为 0.2 米,高为 0.8 米的圆柱形容器内充满气体,压强为 105 牛 / 米². 设温度保持不变,要使气体体积缩小一半,问需要作多少功?

2.（7分）设右半平面上的曲线过点 (1, 5),且任意点 $P(x, y)$ 处的切线在纵轴上的截距等于该点横坐标的 3 倍,求此曲线的方程.

3. (7 分) 若平面图形由曲线 $y = x^3$ 与直线 $y = x$ 在第一象限的部分所围成,试求:

(1) 平面图形的面积;

(2) 平面图形绕 x 轴旋转而成的旋转体的体积;

(3) 平面图形绕 y 轴旋转而成的旋转体的体积.

五、证明题(本题有 2 小题,第 1 小题 5 分,第 2 小题 6 分,共 11 分)

1. (5 分) 证明

$$\int_0^1 x^m (1-x)^n \mathrm{d}x = \int_0^1 x^n (1-x)^m \mathrm{d}x.$$

2. (6 分) 设函数 $f(x)$ 在 $[0, 1]$ 上连续,在 $(0, 1)$ 内可导,且 $\int_{\frac{1}{5}}^{\frac{1}{3}} f(x)\mathrm{d}x = \frac{2}{15} f(0)$. 证明在 $(0, 1)$ 内至少存在一点 ξ,使得 $f'(\xi) = 0$.

同步测试(四)

学号_____　姓名_____　班序号_____

一、填空题(本题有 5 小题,每小题 4 分,共 20 分)

1. 若 $\int f(x)\mathrm{d}x = x^3 + C$,其中 C 是任意常数,则 $f(x) = $ _____.

2. 设 $\sin x$ 是 $f(x)$ 的一个原函数,则不定积分 $\int xf'(x)\mathrm{d}x = $ _____.

3. 设 $f(x)$ 是连续函数,且 $f(x) = 2x - 5\int_0^1 f(x)\mathrm{d}x$,则 $f(x) = $ _____.

4. 定积分 $\int_0^{\frac{\pi}{2}} \cos^3 x\mathrm{d}x = $ _____.

5. 微分方程 $y'' = \mathrm{e}^x$ 的通解为_____.

二、单项选择题(本题有 6 小题,每小题 3 分,共 18 分)

1. 已知 $F'(x) = f(x)$,则 $\int f(\sin x)\cos x\mathrm{d}x = $ ( ).

(A) $f(\sin x) + C$,其中 C 是任意常数.

(B) $F(\sin x) + C$,其中 C 是任意常数.

(C) $f(\cos x) + C$,其中 C 是任意常数.

(D) $F(\cos x) + C$,其中 C 是任意常数.

2. 由定积分的几何意义,则 $\int_{-2}^2 (2 + \sin x)\sqrt{4 - x^2}\mathrm{d}x = $ ( ).

(A) π.　　　　　　(B) $\frac{1}{2}\pi$.

(C) 4π.　　　　　　(D) 2π.

3. 若 $f(x)$ 为连续的奇函数,则下列结论正确的是( ).

(A) $\int_0^x f(t)\mathrm{d}t$ 是奇函数.

(B) $\int_0^x f(t)\mathrm{d}t + C$ 是奇函数,其中 C 是任意常数.

(C) $\int_0^x f(t)\mathrm{d}t$ 非奇非偶.

(D) $\int_0^x f(t)\mathrm{d}t + C$ 是偶函数,其中 C 是任意常数.

4. 反常积分 $\int_0^{+\infty} \frac{\mathrm{d}x}{1 + x^2} = $ ( ).

(A) $\frac{\pi}{2}$.　　　　　　(B) $-\frac{\pi}{2}$.

(C) π.　　　　　　(D) 发散.

5. 微分方程 $(y''')^2 - y^4 = \mathrm{e}^x$ 的阶是( ).

(A) 1.　　　　　　(B) 3.

(C) 2.　　　　　　(D) 4.

6. 如果一条曲线在任意一点的切线斜率等于 $-\frac{x}{y}$,$y \neq 0$,则这条曲线是( ).

(A) 椭圆.　　　　　　(B) 抛物线.

(C) 双曲线.　　　　　　(D) 圆.

三、计算题(本题有 5 小题,每小题 6 分,共 30 分)

1. (6 分) 求极限 $\lim\limits_{x \to 0} \dfrac{\int_0^{x^3} \sqrt{1 + t^2}\mathrm{d}t}{x\ln(1 + x^2)}$.

2. （6分）求不定积分$\int \dfrac{x^2}{1+x^2}\mathrm{d}x.$

3. （6分）求定积分$\int_0^1 \mathrm{e}^{\sqrt{x}}\mathrm{d}x.$

4. （6分）求解微分方程初值问题

$$\begin{cases} (1+x^2)y'' = 2xy', \\ y\mid_{x=0} = 2, \\ y'\mid_{x=0} = 3. \end{cases}$$

5. (6 分) 求微分方程

$$y'' - 3y' + 2y = e^{2x}$$

的通解.

四、应用题(本题有 3 小题,每小题 7 分,共 21 分)

1. (7 分) 水平放置底面积为 $S\ m^2$ 的圆柱形容器中盛放一定量的气体. 在等温条件下,由于气体的膨胀,把容器中一个面积为 $S\ m^2$ 的活塞从点 $a\ m$ 处推到点 $b\ m\ (a < b)$ 处,问气体压力作多少功?

【玻义耳-马略特定律:对于一定质量的气体,在其温度保持不变时,它的压强和体积成反比;或者说,其压强 P 与它的体积 V 的乘积为一常量,即 $PV = C$(常数)】

2. (7 分) 设上半平面上的曲线过点 $(3, 1)$,且任意点 $P(x, y)$ 处的切线在横轴上的截距等于该点纵坐标的 2 倍,求此曲线的方程.

3. (7分) 若平面图形由曲线 $y = x^2$ 与直线 $y = x$ 在第一象限的部分所围成,试求:

(1) 平面图形的面积;

(2) 平面图形绕 x 轴旋转而成的旋转体的体积;

(3) 平面图形绕 y 轴旋转而成的旋转体的体积.

五、证明题(本题有 2 小题,第 1 小题 5 分,第 2 小题 6 分,共 11 分)

1. (5分) 设函数 $f(x)$ 在 $[a, b]$ 上连续,证明:

$$\int_a^b f(x)\mathrm{d}x = (b-a)\int_0^1 f[a + (b-a)x]\mathrm{d}x.$$

2. (6分) 已知二阶非齐次线性微分方程 $y'' + p(x)y' + q(x)y = f(x)$ 的三个解分别为 y_1, y_2, y_3,且 $y_2 - y_1$ 与 $y_3 - y_1$ 线性无关,证明 $y = (1 - C_1 - C_2)y_1 + C_1 y_2 + C_2 y_3$(其中 C_1, C_2 为任意的常数)是该微分方程的通解.

第三篇

多元微积分 A/C(上)

第七章　空间解析几何与向量代数

同步练习 41(A)

学号_____　姓名_____　班序号_____

主要内容：向量的概念；向量的线性运算；向量的坐标表达式及其运算；单位向量；向量的模.

一、计算题

1. 已知平行四边形 $ABCD$，BC 和 CD 边的中点分别为 E、F. 且 $\overrightarrow{AE} = \boldsymbol{a}$，$\overrightarrow{AF} = \boldsymbol{b}$，试用 $\boldsymbol{a}$，$\boldsymbol{b}$ 表示 $\overrightarrow{BC}$ 和 $\overrightarrow{CD}$.（要求作图）

2. 求点 $(2, -3, 1)$ 关于（1）各坐标面；（2）各坐标轴；（3）坐标原点的对称点的坐标.

3. 求点 $M(4, -3, 5)$ 到各坐标轴的距离.

4. 已知两点 $M_1(0, 1, 2)$ 和 $M_2(1, -1, 0)$，试用坐标表示式表示向量 $\overrightarrow{M_1M_2}$ 及 $-2\overrightarrow{M_1M_2}$.

5. 设 $\boldsymbol{a} = \{1, 3, 2\}$，$\boldsymbol{b} = \lambda\{2, y, 4\}$，且 $\lambda \neq 0$，若 $\boldsymbol{a}$ 平行于 $\boldsymbol{b}$，$|\boldsymbol{b}| = 28$，求向量 $\boldsymbol{b}$.

6. 求平行于向量 $\boldsymbol{a} = \{6, 7, -6\}$ 的单位向量.

二、证明题

设 M 是 AB 的中点，O 是空间任意一点，试证：

$$\overrightarrow{OM} = \frac{1}{2}(\overrightarrow{OA} + \overrightarrow{OB}).$$

同步练习 42（A）

学号_____　姓名_____　班序号_____

主要内容：向量的方向角、投影；向量的数量积和向量积，向量的混合积；两向量的夹角；两向量垂直、平行的条件.

一、填空题

1. 已知 $a = \{3, 6, 1\}$，$b = \left\{2, \dfrac{4}{3}, k\right\}$，若 $a \perp b$，则 $k =$ _____.

2. 设 $a = \{2, 1, 3\}$，$b = \{1, 0, 2\}$，则 $a \times b =$ _____.

3. 设 $a = \{2, 0, -1\}$，$b = \{0, 1, 1\}$，则与向量 a，b 同时垂直的单位向量为 _____.

二、计算题

1. 设已知两点 $M_1(4, \sqrt{2}, 1)$ 和 $M_2(3, 0, 2)$，计算向量 $\overrightarrow{M_1M_2}$ 的模、方向余弦和方向角.

2. 一向量的起点在点 $A(2, -1, 7)$，它在 x 轴和 z 轴上的投影依次为 4 和 7，在 y 轴上分向量为 $-4j$，求这向量的终点 B 的坐标.

3. 设 $a = 3i - 2j + k$，$b = i - j + 3k$，求：(1) $\mathrm{Prj}_a b$；(2) $|a + b|$；(3) $(b - a) \times a$.

4. 设向量 $a = i - 2j + 4k$，$b = 3i + j - 4k$，(1) 确定这两个向量是否垂直；(2) 求以这两个向量为边的平行四边形的面积.

5. 设 $|a| = |b| = 1$，$a - 2b$ 与 $2a - b$ 垂直，求夹角 $(\widehat{a, b})$ 并求以 $a + 3b$ 和 $2a + b$ 为边的平行四边形的面积.

同步练习 41(B)

学号_____ 姓名_____ 班序号_____

主要内容: 参见同步练习 41(A).

一、选择题

空间直角坐标系中,点 $P(1, -2, 3)$ 关于坐标平面 xOy 的对称点为( ).

(A) $(1, 2, 3)$.

(B) $(-1, 2, -3)$.

(C) $(1, -2, -3)$.

(D) $(-1, -2, 3)$.

二、填空题

1. 已知两点 $M_1(0, 1, 2)$ 和 $M_2(1, -1, 0)$,则 $3\overrightarrow{M_1M_2} = $ _____.

2. 设 $\boldsymbol{m} = 4\boldsymbol{i} - 2\boldsymbol{j} + 4\boldsymbol{k}$,则与 $\boldsymbol{m}$ 同方向的单位向量 $\boldsymbol{m}^\circ = $ _____.

三、综合题

1. 设 $\triangle ABC$ 的三边 $\overrightarrow{BC} = \boldsymbol{a}$,$\overrightarrow{CA} = \boldsymbol{b}$,$\overrightarrow{AB} = \boldsymbol{c}$,三边中点依次为 D,E,F,试用向量 $\boldsymbol{a}$,$\boldsymbol{b}$,$\boldsymbol{c}$ 表示 $\overrightarrow{AD}$,$\overrightarrow{BE}$,$\overrightarrow{CF}$,并说明: $\overrightarrow{AD} + \overrightarrow{BE} + \overrightarrow{CF} = \boldsymbol{0}$. (要求作图)

2. 在 yOz 面上,求与三点 $A(3, 1, 2)$,$B(4, -2, -2)$ 和 $C(0, 5, 1)$ 等距离的点.

3. 已知三点 $A(4, 1, 9)$,$B(10, -1, 6)$,$C(2, 4, 3)$,求以此三点为顶点的三角形 $\triangle ABC$ 的边长,并证明 $\triangle ABC$ 等腰直角三角形.

四、证明题

试用向量证明三角形两边中点的连线平行于第三边,且其长度等于第三边长度的一半.

同步练习 42(B)

学号＿＿＿＿＿　姓名＿＿＿＿　班序号＿＿＿＿

主要内容： 参见同步练习 42(A).

一、选择题

1. 设 a，b 为任意非零向量，下列结论中正确的是（　　）.

(A) $a \cdot b = |a| \cdot |b|$.

(B) $|a| \cdot a = |a|^2$.

(C) $a \times b = b \times a$.

(D) $a = |a| a^\circ$（a° 是与 a 同方向的单位向量）.

二、填空题

1. 设 $a = \{3, -1, 2\}$，$b = \{1, 2, -1\}$，则 $(a + 2b) \cdot (a - 2b) = $ ＿＿＿＿＿.

2. 设 $|a| = 2$，$|b| = 3$，且 $a \perp b$，则 $(a+3b) \cdot (2a - b) = $ ＿＿＿＿＿.

3. 已知 $|a| = 3$，$|b| = 2$，$a \perp b$，则 $|(a+2b) \times (a-2b)| = $ ＿＿＿＿＿.

三、计算题

1. 设 $a = i+j-k$，$b = -j+3k$，求 $2a-b$，$a \cdot b$，$\mathrm{Prj}_a b$.

2. 设 $a = i+j$，$b = -2j+k$，求 $|a+b|$ 和 $a \times b$.

3. 设 $a = \{1, 3, 2\}$，$b = \lambda\{2, y, 4\}$，且 $\lambda \neq 0$，分别求 λ，y 使得 (1) b 为垂直于 a 的单位向量；(2) b 为与 a 平行的单位向量.

4. $a = 3i-2j+k$，$b = -i+mj-5k$，分别求出 m 的值，使得

(1) $a \perp b$；(2) b 在 a 上的投影为 4；

(3) 以 a，b 为边的平行四边形的面积为 $\sqrt{300}$.

同步练习 43(A)

学号＿＿＿＿＿   姓名＿＿＿＿   班序号＿＿＿＿

主要内容：曲面方程的概念；球面、柱面、旋转曲面；常用的二次曲面方程及其图形.

一、选择题

下列方程中，表示柱面的是(   ).

(A) $x^2 + y^2 = 1$.

(B) $z = \sqrt{x^2 + y^2}$.

(C) $x^2 + y^2 + z^2 = 1$.

(D) $z = 1 - x^2 - y^2$.

二、填空题

1. 以点 $(1, -2, 2)$ 为球心，且过坐标原点的球面方程是＿＿＿＿＿＿＿＿＿.

2. 平面曲线 $\begin{cases} x^2 + 4y^2 = 1 \\ z = 0 \end{cases}$ 绕 x 轴旋转一周所得曲面方程是＿＿＿＿＿＿＿＿＿.

3. 已知动点 $M(x, y, z)$ 到坐标原点的距离等于它到平面 $z = 1$ 的距离，则点 M 的轨迹方程是＿＿＿＿＿＿＿＿＿.

三、综合题

1. 已知动点 $M(x, y, z)$ 到点 $(1, 1, 1)$ 的距离等于它到平面 $z - 1 = 0$ 的距离的 2 倍，求点 M 的轨迹方程，并指出该方程表示什么图形.

2. 指出下列各方程在平面解析几何和在空间解析几何中分别表示什么图形，并分别画出相应的图形.

(1) $x = 2$.

(2) $x^2 + y^2 = 4$.

3. 画出下列各曲面围成立体的图形.

(1) $z = -\sqrt{4 - x^2 - y^2}$，$z = -1$；

(2) $z = 6 - x^2 - y^2$，$z = \sqrt{x^2 + y^2}$.

同步练习 44(A)

学号＿＿＿＿＿＿　姓名＿＿＿＿＿　班序号＿＿＿＿＿

主要内容:空间曲线方程的概念;空间曲线的参数方程和一般方程;空间曲线在坐标面上的投影曲线方程.

一、选择题

平面曲线 $\begin{cases} y + 4z^2 = 1 \\ x = 0 \end{cases}$ 绕 y 轴旋转一周所得

曲面的方程是(　　).

(A) $x^2 + y + 4z^2 = 1$.

(B) $x^2 + 4y^2 + 4z^2 = 1$.

(C) $4x^2 + y + 4z^2 = 1$.

(D) $4x^2 + 4y^2 + z^2 = 1$.

二、综合题

1. 说明旋转曲面 $\dfrac{x^2}{4} + \dfrac{y^2}{9} + \dfrac{z^2}{9} = 1$ 是怎样形成的,

   指出该方程表示什么图形并作图.

2. 画出下列方程所表示的曲面:

   (1) $4x^2 + y^2 - z^2 = 4$.

   (2) $\dfrac{z}{3} = \dfrac{x^2}{4} + \dfrac{y^2}{9}$.

3. 设一个立体由上半球面 $z = \sqrt{4 - x^2 - y^2}$ 和锥面 $z = \sqrt{3(x^2 + y^2)}$ 所围成,求它在 xOy 面上的投影.

4. 已知曲面 $x^2 + y^2 + 4z^2 = 1$ 及 $z^2 = x^2 + y^2$,求两曲面的交线在 xOy 平面上投影曲线方程.

同步练习 43(B)

学号＿＿＿＿＿＿　姓名＿＿＿＿＿　班序号＿＿＿＿＿

主要内容：参见同步练习 43(A)．

一、选择题

1. 由 xOy 平面上的曲线 $y = x^2$ 绕 y 轴旋转一周，所得的旋转曲面方程是（　　）．

(A) $x^2 + y^2 = z$．

(B) $z^2 = x^2 + y^2$．

(C) $y = x^2 + z^2$．

(D) $z = 1 - x^2 - y^2$．

2. 方程 $x^2 + \dfrac{y^2}{9} = 1$ 所表示的曲面是（　　）．

(A) 双曲面．

(B) 柱面．

(C) 椭球面．

(D) 抛物面．

二、填空题

1. 已知动点 $M(x, y, z)$ 到坐标原点的距离等于它到平面 $z = 2$ 的距离，则点 M 的轨迹方程是＿＿＿＿＿＿＿＿＿＿．

2. 旋转曲面 $x^2 + \dfrac{y^2}{4} + \dfrac{z^2}{4} = 1$ 是由 xOy 面上曲线＿＿＿＿＿＿＿＿＿＿绕 x 轴旋转一周而得的．

三、综合题

1. 设有两点 $A(-5, 4, 0)$，$B(-4, 3, 4)$，求满足条件 $|\overrightarrow{PA}| = \sqrt{2}\,|\overrightarrow{PB}|$ 的动点 $P(x, y, z)$ 的轨迹方程，并指出该方程表示什么图形．

2. 已知动点 $M(x, y, z)$ 到 xOy 平面的距离与点 M 到点 $A(1, -1, 2)$ 的距离相等，求点 M 的轨迹方程，并指出是什么图形．

3. 画出下列各曲面围成立体的图形．

(1) $z = \sqrt{x^2 + y^2}$，$z = \sqrt{1 - x^2 - y^2}$．

(2) $z = x^2 + y^2$，$z = 1$．

同步练习 44(B)

学号_____ 姓名_____ 班序号_____

主要内容:参见同步练习 44(A).

一、选择题

1. 曲面 $x^2+4y^2+z^2=4$ 与平面 $x+z=a$ 的交

线在 yOz 平面上的投影曲线是(   ).

(A) $\begin{cases}(a-z)^2+4y^2+z^2=4,\\x=0.\end{cases}$

(B) $\begin{cases}x^2+4y^2+(a-x^2)=4,\\z=0.\end{cases}$

(C) $\begin{cases}x^2+4y^2+(a-x)^2=4,\\x=0.\end{cases}$

(D) $(a-z)^2+4y^2+z^2=4.$

二、综合题

1. 画出下列方程所表示的空间图形:

(1) $\left(x-\dfrac{1}{2}\right)^2+y^2=\dfrac{1}{4}.$

(2) $z=2-x^2.$

(3) $\begin{cases}z=\sqrt{4-x^2-y^2},\\x-y=0\end{cases}$ 在第一卦限.

2. 将曲线的一般方程 $\begin{cases}2x^2+y=z^2,\\x+z=1\end{cases}$ 化为参数方

程并求它在 xOy 面上的投影曲线方程.

3. 指出下列方程所表示的曲线,并作图.

(1) $\begin{cases}x^2+y^2+z^2=25,\\x=3.\end{cases}$

(2) $\begin{cases}y^2+z^2-4x+8=0,\\y=4.\end{cases}$

同步练习 45(A)

学号＿＿＿＿＿   姓名＿＿＿＿   班序号＿＿＿＿

    主要内容：平面方程；平面与平面的夹角以及平行、垂直的条件；点到平面的距离.

一、填空题

1. 过点 $M_0(1, 1, 1)$ 且与平面 $x-2y+3z=0$ 平行的平面是＿＿＿＿＿＿＿＿＿＿.

2. 点 $P(1, 2, 1)$ 到平面 $x+2y+2z-9=0$ 的距离是＿＿＿＿＿＿.

二、计算题

1. 求过三点 $M_1(2, -1, 4)$，$M_2(-1, 3, -2)$ 和 $M_3(0, 2, 3)$ 的平面的方程.

2. 求过点 $M_0(1, 1, 1)$ 与 $M(1, 2, -1)$，且和平面 $x-2y+3z=0$ 的垂直的平面方程.

3. 求过点 $(0, 2, 1)$，且和两平面 $2x+y-z=0$，$-x+3y+2z=5$ 都垂直的平面方程.

4. 求平面 π，使其同时满足：

  (1) 过 z 轴，

  (2) π 与平面 $2x+y-\sqrt{5}z=0$ 夹角为 $\dfrac{\pi}{3}$.

5. 写出平面 $2x+7y-3z+1=0$ 和 $4x-2y-2z=3$ 的法向量，并说明它们的位置关系.

同步练习 46（A）

学号＿＿＿＿＿　姓名＿＿＿＿　班序号＿＿＿＿

　　主要内容：直线方程；平面与直线、直线与直线的夹角以及平行、垂直的条件；点到直线的距离．

一、选择题

设直线过点$(2, -3, 4)$且与z轴垂直相交，则该直线的方向向量为（　　）．

(A) $\{2, 3, 0\}$.

(B) $\{2, -3, 1\}$.

(C) $\{2, -3, 0\}$.

(D) $\{2, 3, 1\}$.

二、填空题

1. 过点$M_0(1, 1, 1)$且与平面$2x - y + z = 9$垂直的直线方程是＿＿＿＿＿＿．

2. 过点$M(1, 2, -1)$，且与直线$\begin{cases} x = -t + 2 \\ y = 3t - 4 \\ z = t - 1 \end{cases}$垂直的平面方程是＿＿＿＿＿＿＿．

三、计算题

1. 直线过点$(-3, 2, 5)$且与两平面$x - 4z - 3 = 0$和$2x - y - 5z - 1 = 0$平行，求该直线的方程．

2. 已知直线$L: \dfrac{x-7}{5} = \dfrac{y-4}{1} = \dfrac{z-5}{4}$与平面$\pi$：$3x - y + 2z - 5 = 0$，求：(1) 直线$L$与平面$\pi$的交点$M_0$；(2) 平面$\pi$上过点$M_0$且与直线$L$垂直的直线方程．

3. 求过点$P_0(2, -1, 3)$与直线$L: \dfrac{x-5}{-1} = \dfrac{y}{0} = \dfrac{z-2}{2}$垂直相交的直线方程．

4. 设直线$L: \dfrac{x-1}{2} = \dfrac{y}{-1} = \dfrac{z+1}{2}$，平面$\pi$：$x - y + 2z = 3$，求直线与平面的夹角．

同步练习 45(B)

学号_____　姓名_____　班序号_____

主要内容:参见同步练习 45(A).

一、选择题

若平面 $x+ky-5z+1=0$ 与平面 $9x-4y+2z+1=0$ 垂直,则 $k=($　　).

(A) -4.　　　　(B) 0.

(C) $-\dfrac{1}{4}$.　　(D) $\dfrac{1}{4}$.

二、填空题

1. 点 $(-1,2,0)$ 到平面 $x+2y-z+3=0$ 的距离是_____.

三、计算题

1. 求过点 $(1,1,-2)$,同时垂直于平面 $x+y+z=0$ 和 $2x+3y+4z=3$ 的平面的方程.

2. 求平行于平面 π_0: $x+2y+3z+4=0$,且与球面 Σ: $x^2+y^2+z^2=9$ 相切的平面方程.

3. 已知点 $A(1,1,-1)$,$B(-2,-2,2)$,$C(1,-1,2)$,(1) 证明 A,B,C 三点不共线;(2) 求过 A,B,C 三点的平面的方程;(3) 求三角形 ABC 的面积 $S_{\triangle ABC}$ 以及 AB 边上的高 h.

4. 求平行于平面 $6x+y+6z+5=0$ 而与三个坐标面所围成的四面体体积为一个单位的平面方程.

同步练习 46(B)

学号＿＿＿＿＿＿　姓名＿＿＿＿＿　班序号＿＿＿＿＿

主要内容:参见同步练习 46(A).

一、选择题

1. 已知直线 $\begin{cases} 3x-y+2z-6=0, \\ x+4y-z+k=0 \end{cases}$ 过点 $(0,0,3)$,则 k 的值是( ).

(A) 2.

(B) 3.

(C) 4.

(D) 1.

2. 设直线 $L: \begin{cases} x+3y+2z+1=0, \\ 2x-y-10z+3=0, \end{cases}$ 平面 $\pi: 4x-2y+z-2=0$,则直线 $L($).

(A) 平行于 π.

(B) 在 π 上.

(C) 垂直于 π.

(D) 与 π 斜交.

二、填空题

1. 过两点 $M_1(0,-1,1)$ 和 $M_2(1,0,-2)$ 的直线方程＿＿＿＿＿＿＿＿.

2. 点 $(-1,2,0)$ 在平面 $x+2y-z+3=0$ 上的投影为＿＿＿＿＿.

三、计算题

1. 求过点 $(1,0,-2)$,且与平面 $3x+4y-z+6=0$ 平行,又与直线 $\dfrac{x-3}{1}=\dfrac{y+2}{4}=\dfrac{z}{1}$ 垂直的直线方程.

2. 求过点 $(2,-3,4)$ 且垂直于两直线 $\dfrac{x}{1}=\dfrac{y}{-1}=\dfrac{z+5}{2}$ 和 $\dfrac{x-8}{3}=\dfrac{y+4}{-2}=\dfrac{z-2}{1}$ 的直线方程.

3. 求点 $M_0(2,-1,1)$ 到直线 $L: \begin{cases} x-2y+z-1=0, \\ x+2y-z+3=0 \end{cases}$ 的距离 d.

4. 求直线 $L: \begin{cases} 2x-y+3z=1, \\ x-2y-3z-9=0 \end{cases}$ 在平面 $\pi: x-y+2z=1$ 上的投影直线的方程.

第八章　多元函数微分学

同步练习 47(A)

学号_____　姓名_____　班序号_____

主要内容：多元函数的概念、二元函数的几何意义、二元函数的极限与连续的概念、有界闭区域上多元连续函数的性质.

一、选择题

极限 $\lim\limits_{\substack{x\to 0 \\ y\to 0}} \dfrac{x+y}{x-y} = ($ $).$

(A) 不存在.   (B) 0.

(C) 1.   (D) -1.

二、填空题

1. 函数 $z = \ln(4-x^2-y^2) + \arcsin\dfrac{1}{x^2+y^2}$ 的定义域是_____.

2. 已知二元函数 $f(x,y) = x^2 - y^2$，则 $f(x+y, x-y) = $_____.

3. 设 $f(u-v, uv) = u^2 + v^2$，则 $f(x,y) = $_____.

4. 极限 $\lim\limits_{(x,y)\to(0,0)} xy\sin\left(\dfrac{1}{x^2 y^2}\right) = $_____.

三、综合题

1. 求下列函数的二重极限：

(1) $\lim\limits_{(x,y)\to(0,2)} \dfrac{xy^3}{\sqrt{xy^2+1}-1}.$

(2) $\lim\limits_{(x,y)\to(0,0)} \dfrac{(e^x-1)\sin(xy)}{x^2 y}.$

(3) $\lim\limits_{(x,y)\to(0,0)} \dfrac{\sqrt{xy+4}-2}{\sin(xy)}.$

2. 讨论函数 $z = \begin{cases} \dfrac{2xy}{x^2+y^2}, & x^2+y^2 \neq 0, \\ 0, & x^2+y^2 = 0 \end{cases}$ 的连续性.

同步练习 48(A)

学号_____　　姓名_____　　班序号_____

主要内容:多元函数的偏导数、高阶偏导数.

一、选择题

$$f(x, y) = \begin{cases} \dfrac{xy}{x^2 + y^2}, & (x, y) \neq (0, 0), \\ 0, & (x, y) = (0, 0) \end{cases}$$
在

点$(0, 0)$处(　　).

(A) 无定义.

(B) 连续.

(C) 偏导数存在.

(D) 极限存在.

二、综合题

求下列函数的偏导数:

(1) 设 $z = \ln(x - y)$,求$\dfrac{\partial z}{\partial x}$, $\dfrac{\partial z}{\partial y}$.

(2) 设 $z = 1 + 2x^2 y - 3xy^3$,求$\dfrac{\partial z}{\partial x}$, $\dfrac{\partial z}{\partial y}$.

(3) 设 $z = \dfrac{y}{x^2 - y^2}$,求$\dfrac{\partial z}{\partial x}$, $\dfrac{\partial z}{\partial y}$.

(4) $z = e^{xy} + (x^2 + y^2)\arctan x$,求$\dfrac{\partial z}{\partial x}$, $\dfrac{\partial z}{\partial y}$.

三、证明题

1. 设 $z = \arctan \dfrac{x}{y}$,证明 $x\dfrac{\partial z}{\partial x} + y\dfrac{\partial z}{\partial y} = 0$.

2. 设 $z = \sqrt{x^2 + y^2}$,试证$\dfrac{\partial^2 z}{\partial x^2} + \dfrac{\partial^2 z}{\partial y^2} = \dfrac{1}{z}$.

3. 证明函数

$$f(x, y) = \begin{cases} \dfrac{x^3 y}{x^6 + y^2}, & (x, y) \neq (0, 0), \\ 0, & (x, y) = (0, 0) \end{cases}$$
在

$(0, 0)$点不连续,但偏导数存在.

同步练习 47(B)

学号＿＿＿＿＿ 姓名＿＿＿＿ 班序号＿＿＿＿

主要内容:参见同步练习 47(A).

一、选择题

1. 下列函数的定义域不正确的是(　　).

(A) $z = \sqrt{x - \sqrt{y}}$，$D = \{(x, y) \mid x \geqslant 0,$
$x^2 \geqslant y \geqslant 0\}$.

(B) $u = \arccos \dfrac{z}{\sqrt{x^2 + y^2}}$，$D = \{(x, y, z) \mid$
$x^2 + y^2 \geqslant z^2, (x, y) \neq (0, 0)\}$.

(C) $z = \dfrac{\sqrt{4x - y^2}}{\ln(1 - x^2 - y^2)}$，$D = \{(x, y) \mid 1 >$
$x^2 + y^2 > 0, 4x \geqslant y^2\}$.

(D) $z = \ln(y - x) + \dfrac{\sqrt{x}}{\sqrt{1 - x^2 - y^2}}$，$D = \{(x,$
$y) \mid 2 > x^2 + y^2, y > x \geqslant 0\}$.

2. 函数 $f(x, y) = \begin{cases} \dfrac{2x^2 + y^2}{x^2 + y^2}, & (x, y) \neq (0, 0), \\ 0, & (x, y) = (0, 0) \end{cases}$

在点 $(0, 0)$ 处(　　).

(A) 连续.   (B) 有极限但不连续.

(C) 极限不存在.   (D) 无定义.

二、填空题

1. $z = \arcsin \dfrac{y}{x}$ 的定义域为＿＿＿＿＿.

2. 设 $z = x + y + f(x - y)$，且当 $y = 0$ 时，$z = x^2$，
则函数 $z = $＿＿＿＿＿.

3. 设 $f(x, y) = \dfrac{3xy}{x^2 + y^2}$，则 $f\left(1, \dfrac{x}{y}\right) = $

＿＿＿＿＿.

4. $\lim\limits_{\substack{x \to 2 \\ y \to 0}} \dfrac{\sin y}{2 - \sqrt{4 - xy}} = $＿＿＿＿＿.

5. $\lim\limits_{\substack{x \to 0 \\ y \to 0}} \dfrac{1 - \cos(x + y^2)}{x + y^2} = $＿＿＿＿＿.

6. 极限 $\lim\limits_{\substack{x \to 1 \\ y \to 0}} \dfrac{\ln(x + e^y)}{\sqrt{x^2 + y^2}} = $＿＿＿＿＿.

三、综合题

1. 计算二元函数的极限.

$$\lim\limits_{\substack{x \to 0 \\ y \to 0}} \dfrac{\sqrt{x^2 + y^2} - \sin\sqrt{x^2 + y^2}}{\sqrt{(x^2 + y^2)^3}}.$$

四、证明题

证明函数

$$f(x, y) = \begin{cases} \dfrac{2xy^2}{x^4 + y^4}, & x^4 + y^4 \neq 0 \\ 0, & x^4 + y^4 = 0 \end{cases}$$，在 $(0,$

$0)$ 处不连续.

同步练习 48(B)

学号_____ 姓名_____ 班序号_____

主要内容:参见同步练习 48(A).

一、选择题

函数 $z = f(x, y)$ 在点 (x_0, y_0) 处连续是在点 (x_0, y_0) 处存在偏导数的(   ).

(A) 充分条件.

(B) 必要条件.

(C) 充要条件.

(D) 既非充分又非必要条件.

二、填空题

1. 设 $z = \sin(xy)$,则 $\dfrac{\partial^2 z}{\partial x \partial y} = $ _____.

2. 设函数 $x = x(r, s)$, $y = y(r, s)$ 由方程组

$$\begin{cases} xy + rs = 1, \\ xr + ys = 1 \end{cases}$$ 所确定,则 $\dfrac{\mathrm{d}x}{\mathrm{d}r} = $ _____.

三、综合题

求下列函数的所有二阶偏导数:

(1) $z = xe^{3y} + 2y + 1$.

(2) $z = (2x+1)^y$.

(3) $z = x \ln(xy)$.

四、证明题

验证 $z = \dfrac{1}{2}\ln(x^2 + y^2)$ 是二维拉普拉斯方程

$$\frac{\partial^2 z}{\partial x^2} + \frac{\partial^2 z}{\partial y^2} = 0$$ 的解.

同步练习 49(A)

学号_____ 姓名_____ 班序号_____

主要内容：全微分的概念、求法及应用；多元复合函数求导的链式法则.

一、选择题

1. 下列关于二元函数偏导数、连续和可微的叙述，正确的是(　　　).

  (A) 函数可微，则偏导数存在.

  (B) 函数连续，则偏导数存在.

  (C) 偏导数存在，则函数可微.

  (D) 偏导数存在，则函数连续.

二、填空题

1. 设函数 $z = \ln \dfrac{x}{y}$，则全微分 $dz\,|_{(1,\,1)} =$

_____.

2. 已知函数 $z = z(x,\,y)$ 的全微分 $dz = e^y dx + x e^y dy$，则 $\dfrac{\partial^2 z}{\partial x \partial y} =$ _____.

三、综合题

1. 求下列函数的全微分.

  (1) $z = xy - \dfrac{y}{x}$，求 dz.

  (2) $z = \ln(y^2 + x)$，求 $dz\,|_{(0,\,1)}$.

2. 设 $z = uv^2 + t \cos u$，$u = e^t$，$v = \ln t$，求全导数 $\dfrac{dz}{dt}$.

3. 有一圆柱体受压后发生形变，它的半径由 20 cm 增大到 20.05 cm，高度由 100 cm 减少到 99 cm. 求此圆柱体体积变化的近似值.

四、证明题

设函数 $P(x,\,y)$，$Q(x,\,y)$ 在区域 D 上有连续一阶偏导数，若存在某个二元函数 $z = f(x,\,y)$ 使得 $dz = P(x,\,y)dx + Q(x,\,y)dy$，问函数 $P(x,\,y)$，$Q(x,\,y)$ 应该满足什么关系？为什么？

同步练习 50(A)

学号＿＿＿＿＿　姓名＿＿＿＿　班序号＿＿＿＿

主要内容：多元复合函数的求导法则；含抽象函数的复合函数求导；全微分形式的不变性.

一、填空题

设 $f(u)$ 是可导函数，又设 $z = xf(u)$，$u = \dfrac{y}{x}$，

则 $\dfrac{\partial z}{\partial x} = $ ＿＿＿＿＿＿＿＿.

二、综合题

1. 设 $z = uv^2$，$u = xe^y$，$v = ye^x$，求 $\dfrac{\partial z}{\partial x}$，$\dfrac{\partial z}{\partial y}$.

2. 设 $z = e^u \sin v$，而 $u = x + y$，$v = xy$. 求 $\dfrac{\partial z}{\partial x}$，$\dfrac{\partial z}{\partial y}$.

3. 设 f 有连续二阶偏导数 $z = f\left(x, \dfrac{x}{y}\right)$，求 $\dfrac{\partial z}{\partial x}$，$\dfrac{\partial z}{\partial y}$，$\dfrac{\partial^2 z}{\partial y^2}$.

4. 设 $z = xf\left(\dfrac{y}{x}\right) + yg\left(x, \dfrac{x}{y}\right)$，其中 f，g 均为二阶可微函数，求 $\dfrac{\partial^2 z}{\partial x \partial y}$.

三、证明题

证明函数 $u = \varphi(x - at) + \psi(x + at)$ 满足方程

$$\frac{\partial^2 u}{\partial t^2} = a^2 \frac{\partial^2 u}{\partial x^2}.$$

同步练习 49(B)

学号_____　姓名_____　班序号_____

主要内容: 参见同步练习 49(A).

一、选择题

设二元函数 $f(x, y)$ 在 $M_0(x_0, y_0)$ 点有定义,

则根据以下四条:

(1) $f(x, y)$ 在 M_0 点连续;

(2) $f(x, y)$ 在 M_0 点的两个偏导数连续;

(3) $f(x, y)$ 在 M_0 点可微分;

(4) $f(x, y)$ 在 M_0 点的两个偏导数存在.

可得结论(　　).

(A) $(2) \Rightarrow (3) \Rightarrow (1)$.

(B) $(3) \Rightarrow (2) \Rightarrow (1)$.

(C) $(3) \Rightarrow (4) \Rightarrow (1)$.

(D) $(3) \Rightarrow (1) \Rightarrow (4)$.

二、填空题

1. 设函数 $z = x^3 y^2$,则全微分 $\mathrm{d}z \mid_{(1, 1)} =$

_____.

2. 设二元函数 $z = x^2 y + x \sin y$,则全微分 $\mathrm{d}z =$

_____.

3. 设 $z = \arctan(2xy)$,而 $y = \mathrm{e}^{3x}$,则 $\dfrac{\mathrm{d}z}{\mathrm{d}x} =$

_____.

三、综合题

1. 设 $z = \dfrac{u}{v}$, $u = \mathrm{e}^x \sin y$, $v = \mathrm{e}^{-x} \cos y$,求 $\dfrac{\partial z}{\partial x}$, $\dfrac{\partial z}{\partial y}$.

2. 设 $z = (2x + y)^{(x+3y)}$. 求 $\dfrac{\partial z}{\partial x}$, $\dfrac{\partial z}{\partial y}$.

3. 利用全微分计算 $(0.97)^{1.05}$ 的近似值.

4. 求函数 $f(x, y) = 2x^2 - 5xy + 1$ 在点 $(1,1)$ 处的线性化.

同步练习 50(B)

学号_____　姓名_____　班序号_____

主要内容:参见同步练习 50(A).

一、综合题

1. 设 f 有连续二阶偏导数,$z = f(x+y, xy)$,求

$$\frac{\partial z}{\partial x}, \frac{\partial z}{\partial y}, \frac{\partial^2 z}{\partial x \partial y}.$$

2. 设 $z = u(x, y)\mathrm{e}^{ax+by}$,且 $\dfrac{\partial^2 u}{\partial x \partial y} = 0$,试确定常数 a、b,使函数 $z = z(x, y)$ 能满足方程:$\dfrac{\partial^2 z}{\partial x \partial y} -$

$$\frac{\partial z}{\partial x} - \frac{\partial z}{\partial y} + z = 0.$$

二、证明题

$f(u)$ 在 $(0, +\infty)$ 内二阶可导,且 $z = f(\sqrt{x^2 + y^2})$ 满足等式 $\dfrac{\partial^2 z}{\partial x^2} + \dfrac{\partial^2 z}{\partial y^2} = 0$.

(1) 证明 $f''(u) + \dfrac{f'(u)}{u} = 0$.

(2) $f(1) = 0$,$f'(1) = 1$,求函数 $f(u)$ 的表达式.

同步练习 51(A)

学号_____　姓名_____　班序号_____

主要内容：隐函数的求导法则.

一、填空题

1. 设 $y = y(x)$ 由方程 $x - y + \arctan y = 0$ 所确定，则 $\dfrac{\mathrm{d}y}{\mathrm{d}x} =$ _____.

2. 设函数 $z = z(x, y)$ 由方程 $xy^2 z = x + y + z$ 所确定，则 $\dfrac{\partial z}{\partial y} =$ _____.

3. 设 $z = z(x, y)$ 由方程 $\mathrm{e}^z = z + x^2 - y^2$ 所确定，则 $y \dfrac{\partial z}{\partial x} + x \dfrac{\partial z}{\partial y} =$ _____.

4. 设函数 $z = z(x, y)$ 由方程 $z = \mathrm{e}^{2x - 3z} + 2y$ 确定，则 $\mathrm{d}z =$ _____.

二、综合题

1. 设函数 $z = z(x, y)$ 是由 $\mathrm{e}^z + \sin x - x^2 y = z$ 所确定的隐函数，求 $\dfrac{\partial z}{\partial x}$，$\dfrac{\partial z}{\partial y}$.

2. 设 $u = f(x, y, z) = x^3 y^2 z^2$，其中 $z = z(x, y)$ 是由方程 $x^3 + y^3 + z^3 - 3xyz = 0$ 所确定的函数，求 $\dfrac{\partial u}{\partial x}\Big|_{(-1,\,0,\,1)}$.

三、证明题

证明：由方程 $\phi(cx - az, cy - bz) = 0$（$\phi(u, v)$ 具有连续的偏导数，a，b，c 为常数）所确定的函数 $z = f(x, y)$ 满足关系式 $a \dfrac{\partial z}{\partial x} + b \dfrac{\partial z}{\partial y} = c$.

同步练习 52(A)

主要内容:多元函数微分学的几何应用:空间曲线的切线与法平面、曲面的切平面与法线.

一、填空题

1. 曲面 $z = y + \ln \dfrac{x}{z}$ 上点 $M(2,2,2)$ 处的切平面方程是_____.

2. 曲线 $x = t^2 - 1$,$y = t + 1$,$z = t^2$,在点 $p(0,2,1)$ 的切线方程为_____.

二、综合题

1. 求曲线 $x = t$,$y = t^2$,$z = t^3$ 在点 $(1,1,1)$ 处的切线和法平面方程.

2. 求球面 $x^2 + y^2 + z^2 = 14$ 在点 $(1,2,3)$ 处的切平面及法线方程.

3. 设曲面 $z = 1 - x^2 - y^2$ 在点 N 处的切平面平行于平面 $4x + 6y - z + 3 = 0$,求点 N 的坐标,并求曲面在该点处的切平面方程.

三、证明题

证明曲面 $xyz = a^3$($a \neq 0$,常数) 上任意一点处的切平面与三个坐标面所形成的四面体的体积为常数.

同步练习 51(B)

学号_____　姓名_____　班序号_____

主要内容:参见同步练习 51(A).

一、填空题

设方程 $f(z^2 - x^2, z^2 - y^2) = 0$ 确定了函数 $z = z(x, y)$,其中 f 有连续偏导数,则 $\dfrac{z}{x} \dfrac{\partial z}{\partial x} +$

$\dfrac{z}{y} \dfrac{\partial z}{\partial y} = $ _____.

二、综合题

1. 设函数 $z = z(x, y)$ 是由方程 $x + z\ln y = z\ln z$ 所确定的隐函数,求 $\dfrac{\partial z}{\partial x}$, $\dfrac{\partial^2 z}{\partial x^2}$.

2. 设 $z + e^z = xy$,求 $\dfrac{\partial^2 z}{\partial x \partial y}$.

三、证明题

1. 设函数 $z = z(x, y)$ 是由方程 $2\varphi(x + 2y - 3z) = x + 2y - 3z$ 所确定,其中 φ 为可导函数.

证明: $\dfrac{\partial z}{\partial x} + \dfrac{\partial z}{\partial y} = 1$.

2. 设 $F(x - y, y - z, z - x) = 0$,其中 F 具有连续偏导数,且 $F_2' - F_3' \neq 0$,证明 $\dfrac{\partial z}{\partial x} + \dfrac{\partial z}{\partial y} = 1$.

同步练习 52(B)

学号_____　姓名_____　班序号_____

主要内容:参见同步练习 52(A).

一、填空题

设曲面 $z = x^2 + 2y^2$ 上点 P 处的法线垂直于平面 $2x + 4y - z - 1 = 0$,则点 P 的坐标是_____.

二、综合题

1. 求曲线 $T: \begin{cases} x^2 + y^2 + z^2 = 6 \\ x + y + z = 0 \end{cases}$ 在点 $(1, -2, 1)$ 处的切线及法平面方程.

2. 求旋转抛物面 $z = x^2 + y^2 - 1$ 在点 $(2, 1, 4)$ 处的切平面及法线方程.

3. 求曲面 $3x^2 + y^2 - z^2 = 27$ 上,在第一卦限内一点 P 的坐标,使得曲面过该点的切平面平行于平面 $9x + y - z - 3 = 0$.

三、证明题

证明曲面 $F\left(\dfrac{x}{z}, \dfrac{y}{z}\right) = 0$ 的切平面总通过一定点,其中 F 有连续偏导数.

同步练习 53(A)

学号_____ 姓名_____ 班序号_____

主要内容: 方向导数和梯度.

一、选择题

设从 x 轴正向逆时针旋转到方向 l 的转角为 θ,函数 $u = x^3 - 2xy + y^3$ 在点 $M(1,1)$ 处沿方向 l 的方向导数 $\dfrac{\partial u}{\partial l}$ 在 $\theta = \dfrac{\pi}{4}$ 时(   ).

  (A) 具有最大值.   (B) 具有最小值.

  (C) 等于零.   (D) 以上都不对.

二、填空题

1. 函数 $z = e^{xy}$ 在点 $P(1,0)$ 处沿方向 $l = \{2,3\}$ 的方向导数为_____.

2. 函数 $z = x \arctan y$ 在点 $(1,0)$ 的梯度为 $\operatorname{grad} f(1,0) = $ _____;此函数在该点处沿方向 $l = \{2,-1\}$ 的方向导数 $\dfrac{\partial z}{\partial l} = $ _____.

三、综合题

1. 求 $\operatorname{grad} \dfrac{1}{x^2 + y^2}$.

3. 下列函数在指定点沿什么方向上的函数值增加的最快?沿什么方向上的函数值减少的最快?沿什么方向上的函数值的变化率为零?

(1) $z = x^2 + y^2$ 在 $(0,1)$ 点;

2. 求函数 $z = x \ln(1+y)$ 在点 $(1,1)$ 沿曲线 $2x^2 - y^2 = 1$ 切线(指向 x 增大方向)向量的方向导数.

(2) $u = xe^y + yz$ 在 $(1,1,2)$ 点.

同步练习 54(A)

学号＿＿＿＿＿　姓名＿＿＿＿　班序号＿＿＿＿

主要内容：多元函数的极值和条件极值；多元函数的最大值、最小值及其简单应用.

一、选择题

1. 设可微函数 $f(x,y)$ 在点(x_0,y_0) 处取得极小值，则 $f(x_0,y)$ 在 $y=y_0$ 处的导数(　　).

(A) 等于零.　　　(B) 大于零.

(C) 小于零.　　　(D) 不存在.

2. 设函数 $z=x^2+\dfrac{1}{2}y^4-2x-4y^2+a$，($a$ 为常数)，则点$(1,2)$(　　).

(A) 是函数的极大值点.

(B) 是函数的极小值点.

(C) 不是函数的极值点.

(D) 是否为函数的极值点 a 与有关.

二、综合题

1. 设函数 $z=x^2+y^3+3y^2-4x-9y+1$，求：

(1) 函数的驻点；(2) 判断驻点是否为极值点；

(3) 如果是极值点，求出极值.

3. 求内接于半轴为 a,b,c 的椭球体内的长方体的最大体积.

2. 利用拉格朗日乘数法，求函数 $u=x^2+y^2+z^2$ 在条件 $x+2y+2z=18$，$x>0$，$y>0$，$z>0$ 下的极大值或极小值.

同步练习 53(B)

学号＿＿＿＿＿＿　姓名＿＿＿＿＿　班序号＿＿＿＿＿

主要内容：参见同步练习 53(A).

一、选择题

1. 函数 $u = x^2 + yz$ 在点 $(1, 1, 1)$ 处沿方向 $l = (1, 2, 2)$ 的方向导数为 $\dfrac{\partial u}{\partial l} = $ ＿＿＿＿＿＿＿＿.

2. 已知飞机在空间区域 Ω 上，机翼承受的压强分布函数为 $p(x, y, z) = x + y^2 + z^3$，则在点 $M(1, 1, 1)$ 处，压强的梯度 $\operatorname{grad} p(x, y, z) = $ ＿＿＿＿＿＿＿＿.

二、综合题

1. 求 $z = x^2 + y^2$ 在 $(-1, 1)$ 点的梯度，并求函数在该点沿梯度方向的方向导数.

2. 设 $u = \ln(x^2 + y^2 + z^2)$，求：

   (1) u 在点 $M(1, 2, -2)$ 处沿哪个方向的方向导数最大；

   (2) u 在点 $M(1, 2, -2)$ 处的最大方向导数.

   (3) 求 u 在点 $M(1, 2, -2)$ 处梯度的模.

3. 求函数 $u(x, y, z) = x^2 + 2y^2 + 3z^2$ 在曲线 Γ：$\begin{cases} x = t \\ y = t^2 \\ z = t^3 \end{cases}$ 上点 $(1, 1, 1)$ 处，沿曲线在该点的切线

   正方向(对于 t 增大的方向)的方向导数.

同步练习 54(B)

学号_____ 姓名_____ 班序号_____

主要内容:参见同步练习 54(A).

一、选择题

1. 设二元函数 $f(x,y)$ 可微,若 $f(x_0,y_0)$ 为 $f(x,y)$ 的极值,则( ).

(A) $f(x_0,y_0)$ 必为 $f(x,y_0)$ 的极值.

(B) $f(x_0,y_0)$ 必为 $f(x_0,y)$ 的极值.

(C) $f_x(x_0,y_0)=0,\ f_y(x_0,y_0)=0$.

(D) 以上结论都是正确的.

2. 若 $z=xy$,则下列结论中错误的是( ).

(A) 二元函数 $z=xy$ 在 $(0,1)$ 处连续.

(B) $f_x(0,0)=0,\ f_y(0,0)=0$.

(C) $\mathrm{d}z\,|_{(0,0)}=0$.

(D) $(0,0)$ 为二元函数 $f(x,y)$ 的极值点.

二、综合题

1. 求函数 $z=x^3-4x^2+2xy-y^2$ 的极值.

2. 材料工程师根据蜂房的奇妙结构设计新型的中空材料,研究中发现问题最终归结为:求函数 $z=x-\sqrt{3}\,y+\sqrt{3}\,a$ 在条件 $x^2+a^2=y^2$ 下的最大值(其中由实际意义可知 $x>0,y>0$,常数 $a>0$).

3. 已知曲面 $\dfrac{x^2}{a^2}+\dfrac{y^2}{b^2}+\dfrac{z^2}{c^2}=1(a,b,c>0)$,在该曲面的第一卦限部分求一定点 $M(x,y,z)$,使在该点处的切平面与三个坐标面所围成的四面体的体积最小.

第九章　重　积　分

同步练习 55(A)

学号＿＿＿＿＿＿　姓名＿＿＿＿＿　班序号＿＿＿＿＿

主要内容：二重积分的概念、性质、计算.

一、填空题

1. 设 $D = \{(x, y) \mid x^2 + y^2 \leqslant a^2\}(a > 0)$，则二重积分 $\iint\limits_{D} \sqrt{a^2 - x^2 - y^2}\,\mathrm{d}\sigma = \underline{\qquad\qquad}$.

2. 设 $D = \{(x, y) \mid -1 \leqslant x \leqslant 1, -2 \leqslant y \leqslant 2\}$，则二重积分 $\iint\limits_{D} (x - 2y + 3)\,\mathrm{d}\sigma = \underline{\qquad\qquad}$.

3. 设 $f(x, y)$ 为连续函数，交换二次积分的积分次序，$\displaystyle\int_0^1 \mathrm{d}x \int_{\sqrt{x}}^1 f(x, y)\,\mathrm{d}y = \underline{\qquad\qquad}$.

二、计算题（画出积分区域，并计算下列二重积分）

1. 求 $\iint\limits_{D} (x + y)\,\mathrm{d}\sigma$，其中积分区域 D 由直线 $x + y = 1$ 以及 x 轴、y 轴所围成.

2. 求 $\iint\limits_{D} xy\,\mathrm{d}\sigma$，其中积分区域 D 由曲线 $y = \dfrac{1}{x}$ 与直线 $y = 1$，$y = 2$ 以及 y 轴所围成.

3. 求 $\iint\limits_{D} y\,\mathrm{d}\sigma$，其中积分区域 D 由曲线 $y = \dfrac{1}{x}$ 与直线 $y = x$，$x = 2$ 所围成.

4. 求 $\iint\limits_{D} \mathrm{e}^{x^2}\,\mathrm{d}\sigma$，其中积分区域 D 由直线 $y = x$，$y = 1$ 和 y 轴所围成.

三、综合题

设区域 $D = \{(x, y) \mid 0 \leqslant x \leqslant 1, 0 \leqslant y \leqslant 2\}$，$f(x, y)$ 在 D 上连续，求 $f(x, y)$，使得 $f(x, y) = xy + \iint\limits_{D} f(x, y)\,\mathrm{d}\sigma$.

四、证明题

设函数 $f(x)$ 在 $[0, 1]$ 上连续，试证：

$$\int_0^1 \mathrm{d}x \int_0^x f(y)\,\mathrm{d}y = \int_0^1 (1 - x) f(x)\,\mathrm{d}x.$$

同步练习 56(A)

学号_____　姓名_____　班序号_____

　　主要内容:二重积分的计算(极坐标).

一、填空题

　　化为极坐标形式的二次积分,$\int_0^1 \mathrm{d}x \int_{1-x}^{\sqrt{1-x^2}} f(x, y)\mathrm{d}y = $_____.

二、计算题(画出积分区域,并计算下列二重积分)

1. 求$\iint\limits_D e^{x^2+y^2}\mathrm{d}\sigma$,其中积分区域 D 由圆周$x^2+y^2=1$ 所围成.

2. 求$\iint\limits_D \sqrt{4-x^2-y^2}\mathrm{d}\sigma$,其中积分区域 D 是由圆周$x^2+y^2=4$, $x^2+y^2=1$ 及直线 $y=\sqrt{3}x$, $y=x$ 所围成的第一象限部分.

3. 求$\iint\limits_D \sin\sqrt{x^2+y^2}\mathrm{d}\sigma$,其中积分区域 D 由圆周$x^2+y^2=1$ 所围成.

4. 求$\int_0^1 \mathrm{d}x \int_x^{\sqrt{2-x^2}} \arctan\frac{y}{x}\mathrm{d}y$.

5. 求$\iint\limits_D \sqrt{x^2+y^2}\mathrm{d}\sigma$,其中积分区域 D 由心形线$r=1+\cos\theta$ 所围成.

同步练习 55(B)

学号_____　姓名_____　班序号_____

主要内容:参见同步练习 55(A).

一、填空题

1. 设区域 $D = \{(x, y) \mid x^2 + y^2 \leqslant a^2\}(a > 0)$,则

$$\iint\limits_{D} (x - 2y + 3) \sqrt{a^2 - x^2 - y^2} \,\mathrm{d}\sigma = \underline{\hspace{2cm}}.$$

2. 交换二次积分的积分次序,$\displaystyle\int_0^1 \mathrm{d}x \int_0^x f(x, y)\mathrm{d}y +$

$\displaystyle\int_1^2 \mathrm{d}x \int_0^{2-x} f(x, y)\mathrm{d}y = \underline{\hspace{3cm}}.$

3. 设区域 $D = \{(x, y) \mid x^2 + y^2 \leqslant r^2\}(r > 0)$,则

$$\lim_{r \to 0^+} \frac{1}{r^2} \iint\limits_{D} (1 - \sqrt{x^2 + y^2}) \mathrm{e}^{xy} \mathrm{d}\sigma = \underline{\hspace{2cm}}.$$

二、计算题

1. 求 $\displaystyle\iint\limits_{D} \mathrm{e}^{\frac{y}{x}} \mathrm{d}\sigma$,其中积分区域 D 由 $y = x^3$, $x = 1$ 以

及 x 轴所围成.

2. 求 $\displaystyle\int_1^3 \mathrm{d}x \int_{x-1}^2 \cos y^2 \mathrm{d}y$.

3. 求 $\displaystyle\iint\limits_{D} \mid y - x^2 \mid \mathrm{d}\sigma$,其中积分区域 D 由直线 $x = -1$, $x = 1$, $y = 1$ 以及 x 轴所围成.

三、证明题

设函数 $f(x)$ 在 $[0, 1]$ 上连续,$A = \displaystyle\int_0^1 f(x)\mathrm{d}x$,

试利用二重积分的性质证明:

$$\int_0^1 \mathrm{d}x \int_x^1 f(x) f(y)\mathrm{d}y = \frac{A^2}{2}.$$

同步练习 56(B)

学号＿＿＿＿＿　姓名＿＿＿＿　班序号＿＿＿＿

主要内容：参见同步练习 56(A).

一、填空题

化为极坐标形式的二次积分，

$$\int_0^1 dx \int_x^{\sqrt{3}x} f(\sqrt{x^2+y^2}) dy = \underline{\hspace{3cm}}.$$

二、计算题（画出积分区域，并计算下列二重积分）

1. 求 $\iint\limits_D \sqrt{1-x^2-y^2} d\sigma$，其中 D 是圆形区域 $x^2 + y^2 \leqslant x$.

2. 求 $\int_0^{\frac{\sqrt{2}}{2}} e^{y^2} dy \int_y^{\sqrt{1-y^2}} e^{x^2} dx$.

3. 求 $\iint\limits_D e^{\sqrt{x^2+y^2}} d\sigma$，其中积分区域 D 由圆周 $x^2 + y^2 = 1$ 所围成.

4. 求 $\iint\limits_D \ln(1+x^2+y^2) d\sigma$，其中积分区域 D 由圆周 $x^2 + y^2 = 1$ 所围成.

5. 求 $\iint\limits_D \dfrac{1}{\sqrt{1+x^2+y^2}} d\sigma$，其中积分区域 D 由双纽线 $r^2 = \cos 2\theta$ 所围成.

同步练习 57(A)

学号_____　姓名_____　班序号_____

主要内容：二重积分的综合练习.

一、填空题

1. 设 $f(x, y)$ 为连续函数，交换二次积分的积分

次序，$\displaystyle\int_0^1 \mathrm{d}y \int_{y^2}^y f(x, y)\mathrm{d}x =$ _____.

2. 设 $D = \{(x, y) \mid x^2 + y^2 \leqslant a^2\}(a > 0)$，则

$\displaystyle\iint\limits_D (x+y+6)\sqrt{a^2 - x^2 - y^2}\,\mathrm{d}\sigma =$ _____.

二、计算题

1. 求 $\displaystyle\iint\limits_D \frac{x}{y^4}\mathrm{d}\sigma$，其中积分区域 D 由 $y = x$，$y = 2x$，$y = 1$，$y = 2$ 轴所围成.

2. 求 $\displaystyle\iint\limits_D \frac{\sin x}{x}\mathrm{d}\sigma$，其中积分区域 D 由直线 $y = x$ 与抛物线 $y = x^2$ 所围成.

3. 求 $\displaystyle\int_0^1 \mathrm{d}y \int_y^1 \sqrt{1 - x^2}\,\mathrm{d}x$.

4. 求 $\displaystyle\iint\limits_D \cos(x^2 + y^2)\mathrm{d}\sigma$，其中积分区域 D 由圆周 $x^2 + y^2 = 1$ 所围成.

三、证明题

设 $D = \{(x, y) \mid -1 \leqslant x \leqslant 1,\ x \leqslant y \leqslant 1\}$，$f(x, y)$ 在 D 连续，且分别是 x、y 的奇函数，证明：$\displaystyle\iint\limits_D f(x, y)\mathrm{d}\sigma = 0$.

同步练习 58(A)

学号＿＿＿＿＿　姓名＿＿＿＿　班序号＿＿＿＿

主要内容：三重积分的概念、性质和计算.

一、填空题

1. 设 Ω 为 $x^2 + y^2 + z^2 \leqslant R^2$，则 $\iiint\limits_{\Omega} (x + 2y - z + 3) \mathrm{d}v = $ ＿＿＿＿＿＿＿.

2. 设 $\Omega : 0 \leqslant x \leqslant 1,\ 0 \leqslant y \leqslant 2,\ 0 \leqslant z \leqslant \pi$，则

$\iiint\limits_{\Omega} xy \sin z \mathrm{d}v = $ ＿＿＿＿＿＿＿.

3. 设 Ω 由曲面 $z = x^2 + y^2$ 和平面 $z = 1$ 所围成，

则在柱面坐标系下 $\iiint\limits_{\Omega} f(z) \mathrm{d}v = $ ＿＿＿＿＿＿.

二、计算题(画出积分区域)

1. 求 $\iiint\limits_{\Omega} (x + y + z) \mathrm{d}v$，其中 Ω 是由三个坐标面与平面 $x + y + z = 1$ 所围成的四面体.

2. 求 $\iiint\limits_{\Omega} \sin z^2 \mathrm{d}v$，其中 Ω 由旋转抛物面 $z = x^2 + y^2$ 与平面 $z = 1$ 所围成.

3. 求 $\iiint\limits_{\Omega} xyz \mathrm{d}v$，其中 Ω 为圆锥面 $z = \sqrt{x^2 + y^2}$ 与平面 $z = 1$ 所围成的圆锥体在第一卦限的部分.

4. 求 $\iiint\limits_{\Omega} \dfrac{1}{z} \sqrt{1 - x^2 - y^2} \mathrm{d}v$，其中 Ω 是由圆柱面 $x^2 + y^2 = 1$ 与平面 $z = 1$、$z = 2$ 所围成的圆柱体.

同步练习 57(B)

学号＿＿＿＿＿ 姓名＿＿＿＿ 班序号＿＿＿＿

主要内容： 参见同步练习 57(A).

一、填空题

设 $D: x^2 + y^2 \leqslant 4(x \geqslant 0, y \geqslant 0)$，$f(x)$ 在 D 上为正值连续函数，a、b 为常数，则

$$\iint\limits_{D} \frac{a\sqrt{f(x)} + b\sqrt{f(y)}}{\sqrt{f(x)} + \sqrt{f(y)}} \mathrm{d}\sigma = \underline{\hspace{3cm}}.$$

二、计算题

设 $f(x, y) = \begin{cases} Ae^{-3y}, & (x, y) \in G, \\ 0, & (x, y) \notin G, \end{cases}$ 其中 A 为常数，$G = \{(x, y) \mid 0 \leqslant x \leqslant 1, y \geqslant 0\}$，且

满足 $\displaystyle\int_{-\infty}^{+\infty} \mathrm{d}x \int_{-\infty}^{+\infty} f(x, y)\mathrm{d}y = 1$，

(1) 求 A 的值；

(2) 若 $D = \{(x, y) \mid x + y \leqslant 2\}$，求 $\displaystyle\iint\limits_{D} f(x, y)\mathrm{d}\sigma$.

三、证明题

1. 设函数 $f(x)$ 在 $[0, 1]$ 上连续，试利用二重积分的性质，证明：在区域 $D: 0 \leqslant x \leqslant 1, 0 \leqslant y \leqslant 1$ 上，$\displaystyle\int_0^1 e^{f(x)}\mathrm{d}x \cdot \int_0^1 e^{-f(y)}\mathrm{d}y \geqslant 1$.

2. 设函数 $f(u)$ 连续，试证：$\displaystyle\iint\limits_{|x|+|y|\leqslant 1} f(x+y)\mathrm{d}x\mathrm{d}y = \int_{-1}^1 f(u)\,du.$

同步练习 58(B)

学号_____ 姓名_____ 班序号_____

主要内容:参见同步练习 58(A).

一、填空题

设 Ω 由曲面 $z=x^2+y^2$ 和 $z=\sqrt{x^2+y^2}$ 所围成,则在柱面坐标系下 $\iiint\limits_{\Omega} f(x^2+y^2)\mathrm{d}v=$

_____.

二、计算题

1. 求 $\iiint\limits_{\Omega} \mathrm{e}^{x+y+z}\mathrm{d}v$,其中 Ω 为立方体:$0\leqslant x\leqslant 1,0\leqslant y\leqslant 1,0\leqslant z\leqslant 1$.

2. 分别利用直角坐标、柱面坐标和球面坐标求 $\iiint\limits_{\Omega} xyz\mathrm{d}v$,其中 Ω 为球体 $x^2+y^2+z^2\leqslant 1$ 在第一卦限的部分.

3. 求 $\iiint\limits_{\Omega} \sqrt{x^2+y^2+z^2}\mathrm{d}v$,其中 $\Omega:\sqrt{x^2+y^2}\leqslant z\leqslant\sqrt{1-x^2-y^2}$.

4. 求 $\iiint\limits_{\Omega} \dfrac{\mathrm{e}^z}{\sqrt{x^2+y^2}}\mathrm{d}v$,其中 Ω 由圆锥面 $z=\sqrt{x^2+y^2}$ 与平面 $z=1$、$z=2$ 所围成.

5. 求 $\iiint\limits_{\Omega} |z-\sqrt{x^2+y^2}|\mathrm{d}v$,其中 Ω 是由圆柱面 $x^2+y^2=1$ 与平面 $z=0$、$z=2$ 所围成的圆柱体.

三、证明题

设 $f(x)$ 为连续函数,$f(0)=0$,$f'(0)=1$,
$$F(t)=\iiint\limits_{\Omega(t)} f(\sqrt{x^2+y^2})\mathrm{d}v,$$
其中 $\Omega(t):x^2+y^2\leqslant t^2,0\leqslant z\leqslant t$,试证:
$$\lim_{t\to 0^+}\frac{F(t)}{t^4}=\frac{2\pi}{3}.$$

同步练习 59(A)

学号_____ 姓名_____ 班序号_____

主要内容:重积分的应用.

一、填空题

1. 设平面薄片 D 的面密度函数为 $\rho(x, y)$,则薄片对 y 轴的转动惯量 $I_y =$ _____.

2. 占有空间区域 Ω、密度为 $\rho(x, y, z)$ 的物体的质量为 $M =$ _____.

二、计算题

1. 利用二重积分求曲面 $z = 2 - x^2 - y^2$ 与 $z = \sqrt{x^2 + y^2}$ 所围立体的体积(画出立体的图像).

2. 设平面薄片所占的区域 D 由上半圆周 $y = \sqrt{2x - x^2}$ 和 x 轴所围成,它的面密度 $\rho = \sqrt{x^2 + y^2}$,求该薄片的质量.

3. 设平面图形 D 由圆 $x^2 + y^2 = 1(x \geqslant 0)$ 和直线 $y = x$、$y = -x$ 所围成,求 D 的形心坐标.

4. 设密度函数 $\rho(x, y, z) = 1$,求圆锥体 Ω: $\sqrt{x^2 + y^2} \leqslant z \leqslant 1$ 对于 z 轴的转动惯量.

5. 立体由上半球面 $z = \sqrt{R^2 - x^2 - y^2}$ 与 xOy 面所围成,且密度函数 $\rho(x, y, z) = 1$,求立体的质心.

同步练习 60(A)

学号_____　姓名_____　班序号_____

主要内容：三重积分，重积分的应用.

一、填空题

占有空间区域 Ω、密度为 $\rho(x, y, z)$ 的物体对于 z 轴的转动惯量为 $I_z =$ _____.

二、计算题

1. 利用二重积分求曲面 $z = x^2 + 2y^2$ 与 $z = 2 - x^2$ 所围成的立体的体积.

2. 求位于两圆 $\rho = 2\cos\theta$，$\rho = 4\cos\theta$ 之间的均匀薄片的质心坐标.

3. 求球体 $x^2 + y^2 + z^2 \leqslant 4a^2$ 被圆柱面 $x^2 + y^2 = 2ax\,(a > 0)$ 所截得的(含在圆柱面内的部分)立体的体积.

4. 利用三重积分求曲面 $z = 4 - x^2 - y^2$ 与平面 $z = 1$、$z = 2$ 所围立体的体积.

同步练习 59(B)

学号_____ 姓名_____ 班序号_____

主要内容:参见同步练习 59(A).

一、填空题

设平面薄片所占的区域 $D: x^2 + y^2 \leqslant 1$,面密度函数 $\rho(x, y) = (1 - x + y)^2$,则平面薄片的质量 $M = $_____.

二、计算题

1. 求两个直交圆柱面 $x^2 + y^2 = a^2$ 和 $y^2 + z^2 = a^2$ 所围立体的体积.

2. 利用二重积分几何意义以及质心公式,求 $\iint\limits_{D} (1 + 2x + 3y) \mathrm{d}\sigma$,其中 $D: x^2 + y^2 \leqslant 2x$.

3. 设均匀薄片(面密度为常数 1)所占区域 D 由抛物线 $y^2 = \dfrac{9}{2} x$ 与直线 $x = 2$ 所围成,求薄片对于 x 轴和 y 轴的转动惯量.

4. 立体由曲面 $z = xy$ 与平面 $y = x$,$x = 1$,以及 xOy 面所围成,且质量分布均匀,求立体的质心.

同步练习 60(B)

学号_____ 姓名_____ 班序号_____

主要内容:参见同步练习 60(A).

一、填空题

1. 立体 Ω 质量分布均匀,其体积为 a,质心为 $(1, 2, -1)$,则 $\iiint\limits_{\Omega}(1 + 2x + 3y + 4z)\mathrm{d}v =$ _____.

2. 设 Ω 由曲面 $z = 6 - x^2 - y^2$ 和 $z = \sqrt{x^2 + y^2}$ 所围成,则在柱面坐标系下 $\iiint\limits_{\Omega}f(x^2 + y^2 + z^2)\mathrm{d}v$

= _____.

二、计算题

1. 设平面薄片所占的区域 D 由圆周 $x^2 + y^2 = ay(a > 0)$ 所围成,它的面密度 $\rho = x^2 + y^2$,求该薄片的质量与质心坐标.

2. 分别利用二重积分和三重积分求曲面 $z = x^2 + y^2$ 与平面 $z = 1, z = 4$ 所围立体的体积(画出立体的图像).

三、证明题

设函数 $f(u)$ 连续且恒正,$D(t): x^2 + y^2 \leqslant t^2$,$\Omega(t): x^2 + y^2 + z^2 \leqslant t^2$,

$$F(t) = \frac{\iiint\limits_{\Omega(t)}f(x^2 + y^2 + z^2)\mathrm{d}v}{\iint\limits_{D(t)}f(x^2 + y^2)\mathrm{d}\sigma},$$

试证:$F(t)$ 在 $(0, +\infty)$ 上单调递增.

同步测试(五)

一、填空题(每小题 4 分,共 20 分)

1. 设向量 $a = \{1, 2, -2\}$, $b = \{k, 1, 3\}$,若 $a \perp b$,则 $k = $ _____.

2. 平面过点 $(-1, 0, 2)$,且与已知直线 $\dfrac{x+1}{2} = \dfrac{y}{-1} = \dfrac{z-1}{3}$ 垂直,则该平面的方程是_____.

3. 极限 $\lim\limits_{\substack{x \to 2 \\ y \to 0}} \dfrac{\sin y}{2 - \sqrt{4 - xy}} = $ _____.

4. 设函数 $z = \ln \dfrac{x}{y}$,则全微分 $\mathrm{d}z \mid_{(1, 1)} = $ _____.

5. 设区域 $D: x^2 + y^2 \leqslant 1$,则二重积分 $\iint\limits_{D}(2 - x + 3y)\mathrm{d}\sigma = $ _____.

二、单项选择题(每小题 3 分,共 18 分)

1. 设 $a = \{1, -1, 1\}$, $b = \{0, 2, 1\}$,则与 a, b 都垂直的向量是( ).

(A) $\{3, 1, 2\}$.

(B) $\{3, -1, 2\}$.

(C) $\{-3, 1, 2\}$.

(D) $\{-3, -1, 2\}$.

2. 下列方程中,表示柱面的是( ).

(A) $x^2 + y^2 + z^2 = 1$.

(B) $z = \sqrt{x^2 + y^2}$.

(C) $y = x^2$.

(D) $z = x^2 + y^2$.

3. 若 $z_x(0, 0) = 0$, $z_y(0, 0) = 0$,则( ).

(A) $z = f(x, y)$ 在 $(0, 0)$ 处连续.

(B) $(0, 0)$ 为 $z = f(x, y)$ 的驻点.

(C) $f(0, 0)$ 为 $z = f(x, y)$ 的极值.

(D) $z = f(x, y)$ 在 $(0, 0)$ 处可微.

4. 空间曲线 $\Gamma: \begin{cases} x = t, \\ y = t^2, \\ z = t^3 \end{cases}$,在点 $(1, 1, 1)$ 处切线的方向向量为( ).

(A) $\{1, 1, 1\}$.

(B) $\{1, 2, 3\}$.

(C) $\{3, 1, 2\}$.

(D) $\{2, 1, 3\}$.

5. 改变二次积分的积分次序, $\displaystyle\int_0^1 \mathrm{d}x \int_{\mathrm{e}^x}^{\mathrm{e}} f(x, y)\mathrm{d}y = $ ( ).

(A) $\displaystyle\int_1^{\mathrm{e}} \mathrm{d}y \int_0^{\ln y} f(x, y)\mathrm{d}x$.

(B) $\displaystyle\int_1^{\mathrm{e}} \mathrm{d}y \int_{\ln y}^1 f(x, y)\mathrm{d}x$.

(C) $\displaystyle\int_1^{\mathrm{e}} \mathrm{d}y \int_0^1 f(x, y)\mathrm{d}x$.

(D) $\displaystyle\int_1^{\mathrm{e}} \mathrm{d}y \int_0^{\mathrm{e}^y} f(x, y)\mathrm{d}x$.

6. 设立体 Ω 由曲面 $z = x^2 + y^2$ 和平面 $z = 1$ 所围成,则 $\displaystyle\iiint\limits_{\Omega} f(x^2 + y^2)\mathrm{d}v = $ ( ).

(A) $\displaystyle\int_0^{2\pi} \mathrm{d}\theta \int_0^1 \rho\mathrm{d}\rho \int_{\rho^2}^1 f(z)\mathrm{d}z$.

(B) $\displaystyle\int_0^{2\pi} \mathrm{d}\theta \int_0^1 \rho\mathrm{d}\rho \int_0^{\rho^2} f(\rho^2)\mathrm{d}z$.

(C) $\displaystyle\int_0^{2\pi} \mathrm{d}\theta \int_0^1 \rho\mathrm{d}\rho \int_{\rho^2}^1 f(\rho^2)\mathrm{d}z$.

(D) $\displaystyle\int_0^{2\pi} \mathrm{d}\theta \int_0^1 \rho\mathrm{d}\rho \int_0^{\rho^2} f(z)\mathrm{d}z$.

三、(6 分) 设直线 L 过点 $(1, 0, 2)$,且平行于两个平面 $x - y + z = 2$ 和 $x + y - 2z = 1$,求直线 L 的方程.

四、（6分）设曲面 $z = 1 - x^2 - y^2$ 在点 N 处的切平面平行于平面 $4x + 6y - z + 3 = 0$，求点 N 的坐标，并求曲面在该点处的切平面方程.

五、（6分）设 $z = uv^2$，$u = xe^y$，$v = ye^x$，求 $\dfrac{\partial z}{\partial x}$，$\dfrac{\partial z}{\partial y}$.

六、（6分）求函数 $z = x \arctan y$ 在点 $(1, 0)$ 的梯度 grad $f(1, 0)$，以及在该点处沿方向 $l = \{2, -1\}$ 的方向导数 $\dfrac{\partial z}{\partial l}$.

七、(6 分) 求二重积分 $\iint\limits_{D} \dfrac{\sin x}{x} \mathrm{d}\sigma$，其中区域 D 由直线 $y=x$，$y=0$，$x=1$ 所围成.

八、(6 分) 计算三重积分 $\iiint\limits_{\Omega} z^3 \mathrm{d}v$，其中区域 Ω 由圆锥面 $z=\sqrt{x^2+y^2}$ 和平面 $z=1$ 所围成.

九、(7 分) 设函数 $z=x^3+y^2-3x^2-9x-4y+1$，求：(1) 函数的驻点；(2) 判断驻点是否为极值点；(3) 如果是极值点，求出极值.

十、(7分) 设平面薄片所占的闭区域 D 由 $y = \sqrt{2x - x^2}$ 及直线 $y = 0$ 所围成,面密度为 $\mu = \sqrt{x^2 + y^2}$,求该薄片的质量.

十一、(7分) 设旋转抛物面 Σ 由 xoz 面上的抛物线 $z = x^2$ 绕 z 轴旋转所成,

(1) 求曲面 Σ 的方程;(2) 求曲面 Σ 与平面 $z = 1$ 所围成的立体的体积.

十二、(5分) 设函数 $z = z(x, y)$ 由方程 $e^z = z + x^2 - y^2$ 所确定,试证 $y \dfrac{\partial z}{\partial x} + x \dfrac{\partial z}{\partial y} = 0$.

同步测试(六)

一、填空题(每小题 4 分,共 20 分)

1. 设 $a = \{2, 1, 3\}$, $b = \{1, 0, 2\}$,则 $a \times b =$ _____.

2. 点 $(1, 2, 0)$ 到平面 $2x + y + 2z + 5 = 0$ 的距离 $d =$ _____.

3. 极限 $\lim\limits_{\substack{x \to 0 \\ y \to 2}} \dfrac{\sqrt{1+xy}-1}{\sin x} =$ _____.

4. 设函数 $z = x^3 y^2$,则全微分 $\mathrm{d}z \mid_{(1, 1)} =$ _____.

5. 设区域 $D: x^2 + y^2 \leqslant 1$,则二重积分 $\iint\limits_{D} (3x - 4y + 2)\mathrm{d}x\mathrm{d}y =$ _____.

二、单项选择题(每小题 3 分,共 18 分)

1. 设 $a = \{2, 6, 3\}$,则与 a 方向相同的单位向量 $a^\circ = ($ ____).

   (A) $\left\{\dfrac{2}{11}, \dfrac{6}{11}, \dfrac{3}{11}\right\}$.

   (B) $\left\{\dfrac{2}{7}, \dfrac{6}{7}, \dfrac{3}{7}\right\}$.

   (C) $-\left\{\dfrac{2}{7}, \dfrac{6}{7}, \dfrac{3}{7}\right\}$.

   (D) $\pm\left\{\dfrac{2}{7}, \dfrac{6}{7}, \dfrac{3}{7}\right\}$.

2. 下列方程中,表示柱面的是(____).

   (A) $x^2 + y^2 = 1$.

   (B) $z = \sqrt{x^2 + y^2}$.

   (C) $x^2 + y^2 + z^2 = 1$.

   (D) $z = 1 - x^2 - y^2$.

3. 二元函数 $f(x, y) = \begin{cases} \dfrac{xy}{x^2 + y^2}, & (x, y) \neq (0, 0), \\ 0, & (x, y) = (0, 0) \end{cases}$ 在点 $(0, 0)$ 处(____).

   (A) 无定义.

   (B) 连续.

   (C) 偏导数存在.

   (D) 可微.

4. 函数 $z = \mathrm{e}^{xy}$ 在点 $P(1, 0)$ 处沿方向 $l = \{2, 3\}$ 的方向导数为(____).

   (A) 2.

   (B) 3.

   (C) $\dfrac{2}{\sqrt{13}}$.

   (D) $\dfrac{3}{\sqrt{13}}$.

5. 设一平面薄板所占有的区域由直线 $y = x$, $x = 1$ 与 $y = 0$ 所围成,面密度为 $\rho(x, y) = 2y$,则该薄板的质量 $M = ($ ____).

   (A) $\dfrac{1}{6}$.

   (B) $\dfrac{1}{3}$.

   (C) $\dfrac{1}{2}$.

   (D) $\dfrac{5}{6}$.

6. 设区域 Ω 由圆锥面 $z = \sqrt{x^2 + y^2}$ 和平面 $z = 1$ 所围成,则 $\iiint\limits_{\Omega} f(z)\mathrm{d}v = ($ ____).

   (A) $\displaystyle\int_0^{2\pi} \mathrm{d}\theta \int_0^1 \rho\mathrm{d}\rho \int_\rho^1 f(z)\mathrm{d}z$.

   (B) $\displaystyle\int_0^{2\pi} \mathrm{d}\theta \int_0^1 \rho\mathrm{d}\rho \int_{\rho^2}^1 f(z)\mathrm{d}z$.

   (C) $\displaystyle\int_0^{2\pi} \mathrm{d}\theta \int_0^1 \rho\mathrm{d}\rho \int_0^{\rho^2} f(z)\mathrm{d}z$.

   (D) $\displaystyle\int_0^{2\pi} \mathrm{d}\theta \int_0^1 \rho\mathrm{d}\rho \int_0^\rho f(z)\mathrm{d}z$.

三、(5 分) 设直线 $\dfrac{x-1}{4} = \dfrac{y}{1} = \dfrac{z+1}{a}$ 平行于平面 $x + 2y + 3z = 6$,求 a 的值.

四、(5 分) 直线 L 过点 $M(3,0,5)$ 且与平面 $\pi: x - y + 3z + 4 = 0$ 垂直,求直线 L 与平面 π 的交点 N.

五、(5 分) 设 $z = \dfrac{u}{v}$, $u = e^x \sin y$, $v = e^{-x} \cos y$, 求 $\dfrac{\partial z}{\partial x}$, $\dfrac{\partial z}{\partial y}$.

六、(5 分) 设函数 $z = z(x,y)$ 由方程 $\ln z = z + x^2 + y^2$ 所确定,试证 $y \dfrac{\partial z}{\partial x} - x \dfrac{\partial z}{\partial y} = 0$.

七、(5 分) 求二重积分 $\iint\limits_{D} e^{x^2} d\sigma$,其中区域 D 由直线 $y = 2x$,$y = 0$,$x = 1$ 所围成.

八、(5 分) 计算三重积分 $I = \iiint\limits_{\Omega} z^2 dx dy dz$,其中区域 Ω 由旋转抛物面 $z = x^2 + y^2$ 和平面 $z = 1$ 所围成.

九、(9 分) 设函数 $z = x^2 + y^3 + 3y^2 - 4x - 9y + 1$,求:(1) 函数的驻点;(2) 判断驻点是否为极值点;(3) 如果是极值点,求出极值.

十、(8 分) 求位于两圆 $\rho = 2\cos\theta$, $\rho = 4\cos\theta$ 之间的均匀薄片的质心坐标.

十一、(10 分) 设旋转抛物面 Σ 由 yoz 面上的抛物线 $z = 1 - y^2$ 绕 z 轴旋转所成,(1) 求曲面 Σ 的方程;(2) 求曲面 Σ 在点 $M\left(\dfrac{1}{2}, \dfrac{1}{2}, \dfrac{1}{2}\right)$ 处的切平面方程;(3) 求该切平面与三个坐标面所围成的四面体的体积.

十二、(5 分) 设函数 $P(x, y)$, $Q(x, y)$ 在区域 D 上有连续一阶偏导数,若存在某个二元函数 $z = f(x, y)$ 使得 $\mathrm{d}z = P(x, y)\mathrm{d}x + Q(x, y)\mathrm{d}y$,问函数 $P(x, y)$、$Q(x, y)$ 应该满足什么关系?为什么?

第四篇

多元微积分 A/C(下)

第十章　曲线积分与曲面积分

同步练习 61(A)

学号_____　姓名_____　班序号_____

主要内容：对弧长的曲线积分的概念、性质及计算，利用对弧长的曲线积分计算物体的转动惯量、形心.

一、填空题

1. 设椭圆 $L: \dfrac{x^2}{4} + \dfrac{y^2}{3} = 1$ 的周长为 a，则曲线积分

$$\oint_L (3x^2 + 4y^2 + 5xy)\mathrm{d}s = \underline{\qquad\qquad}.$$

2. 设曲线 $L: x^2 + y^2 = 1$ 上任意一点处的线密度 $\rho(x, y) = (x+y)^2$，则该曲线构件的质量 $M = $
_____.

3. 设曲线构件 Γ 上任意一点处的线密度为 $\rho(x, y, z)$，则该曲线构件关于 x 轴的转动惯量为 $I_x = \underline{\qquad\qquad}$.

二、综合题

1. 计算曲线积分 $I = \displaystyle\int_L (x+y)\mathrm{d}s$，其中 L 为 $O(0, 0)$ 到 $A(1, 2)$ 的直线段.

2. 计算曲线积分 $I = \displaystyle\int_L y^2 \mathrm{d}s$，其中 L 为摆线 $x = a(t - \sin t)$，$y = a(1 - \cos t)$ 的第一拱.

3. 计算曲线积分 $I = \displaystyle\oint_L xy\mathrm{d}s$，其中 L 为由直线 $y = 2x$，$y = 2$，$x = 0$ 所围三角形区域的整个边界.

4. 设曲线 $L: y = 2x + 1(0 \leqslant x \leqslant 1)$ 上任意一点处的线密度为 $\rho(x, y) = xy$，求该曲线构件的质量 M.

同步练习 62(A)

学号＿＿＿＿＿　姓名＿＿＿＿　班序号＿＿＿＿

主要内容：对坐标的曲线积分的概念、性质、计算以及两类曲线积分之间的关系. 利用对坐标的曲线积分计算变力沿曲线路径所做的功.

综合题

1. 计算对坐标的曲线积分 $I = \int_L y\mathrm{d}x + x\mathrm{d}y$，其中曲线 L 是(要求作积分曲线的草图)：

(1) 沿直线 $y=x$ 从坐标原点 O 到 $B(1, 1)$.

(2) 沿折线段 OAB 从 O 到 $A(1, 0)$ 再到 $B(1, 1)$.

2. 计算曲线积分 $I = \oint_L y\mathrm{d}x$，其中 L 是由直线 $y = 0$，$x = 2$，$y = 2$，$x = 0$ 所围成的矩形按逆时针方向的边界.

3. 计算曲线积分 $I = \int_L (x^2 + y^2)\mathrm{d}x + 2xy\mathrm{d}y$，其中积分曲线 L 为沿圆周 $(x-1)^2 + y^2 = 1$ 的上半部分从点 $O(0, 0)$ 到 $B(2, 0)$ 的一段弧.

4. 求质点在平面力场 $\boldsymbol{F}(x, y) = y\boldsymbol{i} + 2x\boldsymbol{j}$ 作用下沿抛物线 $L: y = 1 - x^2$ 从点 $(1, 0)$ 移动到点 $(0, 1)$ 所做的功 W 的值.

5. 将 $I = \int_L P(x, y)\mathrm{d}x + Q(x, y)\mathrm{d}y$ 化为对弧长的曲线积分，其中 L 为沿圆周 $x^2 + y^2 = 2y$ 逆时针从 $(0, 0)$ 到 $(1, 1)$.

同步练习 61(B)

学号_____　　姓名_____　　班序号_____

主要内容:参见同步练习 61(A).

一、填空题

1. 设心形线 $L:\begin{cases} x = a\cos^3 t, \\ y = a\sin^3 t \end{cases}$ 的周长为 l,则曲线

   积分 $\oint_L (x^{\frac{2}{3}} + y^{\frac{2}{3}})\mathrm{d}s = $ _____.

2. 设曲线构件 Γ 上任意一点处的密度函数为 $\rho(x, y, z)$,则该曲线构件关于原点 O 的转动惯量为 $I_O = $ _____.

二、综合题

1. 计算曲线积分 $I = \oint_L \sqrt{y}\,\mathrm{d}s$,其中 L 为抛物线 $y = x^2$,直线 $x = 1$ 及 x 轴所围成的曲边三角形.

2. 计算曲线积分 $I = \int_L (x + y - 1)\mathrm{d}s$,其中 L 为曲线 $y = x + 1$ 在点 $(0, 1)$ 与 $(1, 2)$ 之间的直线段.

3. 计算曲线积分 $I = \int_{\Gamma} e^z \mathrm{d}s$,其中 Γ 为圆柱螺旋线 $x = \cos t$,$y = \sin t$,$z = t(0 \leqslant t \leqslant 2\pi)$ 的一段.

4. 设有一个半径为 a,中心角为 2φ 的圆弧型构件 L,其线密度函数为 $\rho(x, y) = x^2 + y^2$,求质心坐标.

同步练习 62(B)

学号_____ 姓名_____ 班序号_____

主要内容:参见同步练习 62(A).

综合题

1. 计算曲线积分 $I = \int_L (x^2 + y^2)\mathrm{d}x + 2xy\mathrm{d}y$,其中积分曲线 L 为 $y = 1 - |1-x|$ 从 $O(0, 0)$ 经 $A(1, 1)$ 到 $B(2, 0)$ 的折线.

2. 计算曲线积分 $I = \int_L y^2\mathrm{d}x + x^2\mathrm{d}y$,其中 L 是椭圆周 $x = a\cos t$,$y = b\sin t$ 的上半部分,沿逆时针方向.

3. 计算曲线积分 $I = \oint_\Gamma (z-y)\mathrm{d}x + (x-z)\mathrm{d}y + (x-y)\mathrm{d}z$,其中 Γ 是柱面 $x^2 + y^2 = 1$ 与平面 $x - y + z = 2$ 的交线,从 z 轴正向看去,Γ 为顺时针方向.

4. 设有一力场 $\boldsymbol{F}(x, y)$,力的方向与 y 轴的正向相反,力的大小等于作用点横坐标的平方. 求在场力 $\boldsymbol{F}(x, y)$ 的作用下质点沿抛物线 $x = 1 - y^2$ 从点 $A(0, 1)$ 移动到点 $B(1, 0)$ 时,场力所作的功.

5. 设 Γ 为曲线 $x = t$,$y = t^2$,$z = t^3$ 上相应于 t 从 0 变到 1 的弧. 试将对坐标的曲线积分 $I = \int_L P\mathrm{d}x + Q\mathrm{d}y + R\mathrm{d}z$ 化为对弧长的曲线积分.

同步练习 63(A)

学号＿＿＿＿＿　姓名＿＿＿＿　班序号＿＿＿＿

主要内容：两类曲线积分的计算与应用.

一、选择题

设有向曲线 $L: y = x^2$，从点 $(1, 1)$ 到点 $(0, 0)$，则 $\int_L f(x, y)\mathrm{d}y = ($　　$)$.

(A) $\int_1^0 f(x, x^2)\mathrm{d}x$.

(B) $\int_0^1 2x f(x, x^2)\mathrm{d}x$.

(C) $\int_1^0 f(\sqrt{y}, y)\mathrm{d}y$.

(D) $\int_0^1 f(\sqrt{y}, y)\mathrm{d}y$.

二、填空题

1. 设曲线 $L: x^2 + y^2 = 4$，则曲线积分

$$\oint_L (x - y + 1)\sqrt{x^2 + y^2}\,\mathrm{d}s = \underline{\hspace{2cm}}.$$

2. 设有一均匀密度的空间曲线型构件 Γ 的长度为 l，则该构件的形心坐标为＿＿＿＿＿＿.

三、综合题

1. 计算曲线积分 $I = \int_L x^2 y\mathrm{d}s$，其中 L 为连接两点 $(1, 0)$ 及 $(0, 1)$ 的直线段.

2. 设螺旋线弹簧一圈的方程为 $\Gamma: x = a\cos t, y = a\sin t, z = kt$，其中 $0 \leqslant t \leqslant 2\pi$，线密度 $\rho(x, y, z) = x^2 + y^2 + z^2$. 求其关于 z 轴的转动惯量 I_z.

3. 计算曲线积分 $I = \int_L x^3\mathrm{d}x + 3y^2 z\mathrm{d}y - x^2 y\mathrm{d}z$，其中 L 为从点 $A(3, 2, 1)$ 到点 $B(0, 0, 0)$ 的直线段 $\overline{AB}$.

4. 设 $\boldsymbol{F}(x, y) = \cos x\sin y\boldsymbol{i} + \sin x\cos y\boldsymbol{j}$ 为一平面力场. 求质点在力 $\boldsymbol{F}$ 的作用下沿直线 $L: y = x$ 从点 $(0, 0)$ 移动到点 $\left(\dfrac{\pi}{2}, \dfrac{\pi}{2}\right)$ 所做的功 W.

同步练习 64(A)

学号_____　姓名_____　班序号_____

主要内容:格林公式,曲线积分与路径无关的条件.

综合题

1. 计算曲线积分 $I = \oint_L xy^2 \mathrm{d}x - x^2 y \mathrm{d}y$,其中 L 是逆时针的圆周 $x^2 + y^2 = 9$.

2. 设曲线 L 是以 $(1, 0)$,$(\pi, 0)$,$(\pi, 2)$ 为顶点的三角形边界,取逆时针方向,计算曲线积分 $I = \oint_L (\ln x - y + 1)\mathrm{d}x + (\mathrm{e}^y + 2x - 1)\mathrm{d}y$.

3. 利用曲线积分,计算星形线 $x = a \cos^3 t$, $y = a \sin^3 t$ 所围图形的面积 A.

4. 设 L 为 $y = \sin x$ 自 $x = 0$ 到 $x = \pi$,求 $\int_L [\cos(x + y^2) + 2y]\mathrm{d}x + [2y\cos(x + y^2) + 3x]\mathrm{d}y$.

5. 计算曲线积分 $I = \int_L (\mathrm{e}^y + x - y)\mathrm{d}x + (x\mathrm{e}^y + x + y)\mathrm{d}y$,其中 L 为 $x^2 + y^2 = 1$ 的左半部分,从 $A(0, 1)$ 到 $B(0, -1)$.

6. 设 L 是任意一条分段光滑的封闭曲线,证明 $\oint_L \mathrm{e}^y \mathrm{d}x + (x\mathrm{e}^y - 2y)\mathrm{d}y = 0$.

同步练习 63(B)

学号＿＿＿＿＿   姓名＿＿＿＿   班序号＿＿＿＿

主要内容:参见同步练习 63(A).

一、填空题

1. 设空间曲线 $L:\begin{cases} x^2+y^2+z^2=8 \\ z=2 \end{cases}$,则曲线积分

$$\int_L \frac{\mathrm{d}s}{x^2+y^2+z^2}= \underline{\qquad\qquad}.$$

2. 设曲线 L 为圆周 $x^2+y^2=a^2$,则曲线积分

$$\oint_L x^2 \mathrm{d}s = \underline{\qquad\qquad}.$$

二、计算题

1. 设空间曲线 $\Gamma: x=a\cos t,\ y=a\sin t,\ z=t,$

$0 \leqslant t \leqslant 2\pi$,求曲线积分 $I=\int_\Gamma \frac{z^2}{x^2+y^2}\mathrm{d}s.$

2. 设曲线 L 是以 $A(0,1)$,$B(-1,0)$,$C(0,-1)$,$D(1,0)$ 为顶点的四边形的边,取逆时针方向,计算曲线积分 $I=\oint_L \frac{\mathrm{d}x+\mathrm{d}y}{|x|+|y|}.$

3. 计算曲线积分 $I=\oint_L \frac{(x+y)\mathrm{d}x-(x-y)\mathrm{d}y}{x^2+y^2}$,

其中 L 为圆周 $x^2+y^2=a^2$,沿逆时针方向.

4. 设空间曲线 Γ 是球面 $x^2+y^2+z^2=a^2(a>0)$ 与平面 $x+y+z=0$ 的交线,计算曲线积分 $I=\oint_\Gamma [(x+2)^2+(y-3)^2]\mathrm{d}s.$

同步练习 64(B)

学号＿＿＿＿＿　姓名＿＿＿＿　班序号＿＿＿＿

主要内容：参见同步练习 64(A).

综合题

1. 设曲线 L 为 $x^2 + y^2 = 1$ 的上半部分，从 $A(1, 0)$ 到 $B(-1, 0)$，计算曲线积分 $I = \int_L (2xe^y + 1)dx + (x^2 e^y + x)dy$.

2. 设曲线 L 为圆周 $y = \sqrt{2x - x^2}$ 上由点 $O(0, 0)$ 到点 $A(1, 1)$ 的一段弧，计算曲线积分 $I = \int_L (x^2 - y)dx - (x + \sin^2 y)dy$.

3. 已知曲线积分 $\oint_L (1 + y^3)dx + (9x - x^3)dy$，其中 L 为圆周 $(x-a)^2 + y^2 = a^2 (a > 0)$，取逆时针方向，求 a 的值，使得对应曲线积分的值最大.

4. 设曲线 L：$|x| + |y| \leqslant 1$，逆时针方向，计算曲线积分 $I = \oint_L \dfrac{x\,dy - y\,dx}{4x^2 + y^2}$.

同步练习 65(A)

学号_____　姓名_____　班序号_____

主要内容:曲线积分与路径无关的条件,全微分方程.

一、选择题

下列命题中不正确的是(　　).

(A) 设函数 $f(u)$ 有连续的导数,则 $\int_L f(x^2 + y^2)(x\mathrm{d}x + y\mathrm{d}y)$ 在全平面与路径无关.

(B) 设函数 $P(x, y)$,$Q(x, y)$ 在某平面区域 D 内有连续的一阶偏导数,且在 D 内恒有 $\dfrac{\partial Q}{\partial x} = \dfrac{\partial P}{\partial y}$,则曲线积分 $\int_L P\mathrm{d}x + Q\mathrm{d}y$ 在区域 D 内与路径无关.

(C) 曲线积分 $\int_L x\mathrm{e}^y \mathrm{d}x + \dfrac{1}{2}x^2 \mathrm{e}^y \mathrm{d}y$ 在全平面内与路径无关.

(D) 设 D 是含原点的平面区域,则 $\int_L \dfrac{-y}{x^2 + y^2}\mathrm{d}x + \dfrac{x}{x^2 + y^2}\mathrm{d}y$ 在 D 上与路径有关.

二、填空题

若 $(axy - y^2)\mathrm{d}x + (x^2 + bxy)\mathrm{d}y = 0$ 为全微分方程,则 $a = $ _____,$b = $ _____.

三、综合题

1. 验证曲线积分 $I = \int_L (2x + \sin y)\mathrm{d}x + x\cos y\mathrm{d}y$ 在全平面内与路径无关,并计算积分值,其中 L 是正弦曲线 $y = \sin x$ 上从 $O(0, 0)$ 到 $A(\pi, 0)$ 的一段弧.

2. 验证曲线积分 $\int_L (\mathrm{e}^y + x)\mathrm{d}x + (x\mathrm{e}^y - 2y)\mathrm{d}y$ 在全平面上与路径无关,并计算 $I = \int_{(0, 0)}^{(1, 2)} (\mathrm{e}^y + x)\mathrm{d}x + (x\mathrm{e}^y - 2y)\mathrm{d}y$.

3. 验证在整个坐标平面 xOy 内,$\mathrm{e}^y \cos x\mathrm{d}x + \mathrm{e}^y \sin x\mathrm{d}y = 0$ 为全微分方程,并求其通解.

同步练习 66(A)

学号_____　姓名_____　班序号_____

主要内容：对面积的曲面积分的计算及其应用.

一、填空题

1. 设曲面 $\Sigma: x^2 + y^2 + z^2 = 1$，则曲面积分 $\oiint\limits_{\Sigma}(1 + x - 2y)\mathrm{d}S = $ _____.

2. 设一曲面薄板 Σ 的面密度函数为 $\rho(x, y, z)$，则薄板的质量用第一类曲面积分可表示为_____.

3. 设空间曲面 Σ 质量分布均匀，且曲面 Σ 的面积 $A = 2$，$\iint\limits_{\Sigma}x\mathrm{d}S = 0$，$\iint\limits_{\Sigma}y\mathrm{d}S = 2$，$\iint\limits_{\Sigma}z\mathrm{d}S = 4$，则曲面 Σ 的质心是_____.

二、综合题

1. 计算曲面积分 $\iint\limits_{\Sigma}z^2\mathrm{d}S$，其中 Σ 为圆锥面 $z = \sqrt{x^2 + y^2}\,(0 \leqslant z \leqslant 1)$.

2. 计算曲面积分 $I = \iint\limits_{\Sigma}xz\,\mathrm{d}S$，其中 Σ 为上半球面 $z = \sqrt{a^2 - x^2 - y^2}\,(a > 0)$.

3. 求旋转抛物面 $z = x^2 + y^2$ 介于平面 $z = 0$ 和 $z = 1$ 之间的部分的面积.

4. 设旋转抛物面 $z = 6 - x^2 - y^2$ 被锥面 $z = \sqrt{x^2 + y^2}$ 所截下部分上任一点的面密度 $\rho = 1$，求该曲面片的质量.

同步练习 65(B)

学号_____   姓名_____   班序号_____

主要内容:参见同步练习 65(A).

综合题

1. 计算曲线积分 $I = \int_L (y\cos x - 3y)\mathrm{d}x + (\sin x + x - 2)\mathrm{d}y$,其中曲线 L 为 $x^2 + y^2 = 1$ 的左半部分,从 $A(0, 1)$ 到 $B(0, -1)$.

2. 验证 $\int_L \dfrac{\mathrm{d}x + \mathrm{d}y}{x + y + 2}$ 在整个 xOy 平面内为某一函数的全微分,并求一个这样的函数 $u(x, y)$.

3. 选取 a, b,使得 $[(x+y+1)\mathrm{e}^x + a\mathrm{e}^y]\mathrm{d}x + [b\mathrm{e}^x - (x+y+1)\mathrm{e}^y]\mathrm{d}y$ 在整个 xOy 面上是某一函数的全微分,并求一个这样的函数 $u(x, y)$.

4. 设曲线积分 $\int_\Gamma xy^2\mathrm{d}x + yf(x)\mathrm{d}y$ 与路径无关,其中 $f(1) = 1$,求 $\int_{(0,1)}^{(1,2)} xy^2\mathrm{d}x + yf(x)\mathrm{d}y$.

同步练习 66(B)

学号_____　姓名_____　班序号_____

主要内容：参见同步练习 66(A).

一、填空题

1. 设球面 $\Sigma:x^2+y^2+z^2=R^2$ 的质量面密度 $\rho(x, y, z) = \sqrt{x^2+y^2+z^2}$，则球面构件的质量为_____.

2. 设曲面 Σ 质量分布均匀，且 $\iint\limits_{\Sigma}x\mathrm{d}S=-3$，曲面 Σ 的质心是 $(-1, 1, 2)$，则 $\iint\limits_{\Sigma}z\mathrm{d}S=$ _____.

3. 设曲面构件 Σ 上任意一点处的面密度为 $\rho(x, y, z)$，则该曲面构件关于 x 轴的转动惯量为 $I_x=$ _____.

二、综合题

1. 计算曲面积分 $I=\iint\limits_{\Sigma}(x^2+y^2)\mathrm{d}S$，其中 Σ 为上半圆锥面 $z=\sqrt{x^2+y^2}$ 在平面 $z=0$，$z=1$ 之间部分的曲面.

2. 利用第一类曲面积分，计算旋转抛物面 $\Sigma:z=2-x^2-y^2$ 在 xOy 面上方部分的面积.

3. 求面密度为 $\rho=1$ 的球面 $x^2+y^2+z^2=a^2$ 在第一卦限部分的质心.

4. 计算曲面积分 $\oiint\limits_{\Sigma}x^2\mathrm{d}S$，其中曲面 Σ 为球面 $x^2+y^2+z^2=a^2$.

同步练习 67(A)

学号＿＿＿＿＿　姓名＿＿＿＿　班序号＿＿＿＿

主要内容：对坐标的曲面积分的计算，两类曲面积分间的关系.

一、选择题

1. 设曲面 Σ 为 $z=-2(x^2+y^2\leqslant1)$ 的下侧，则下列结论中正确的是(　　).

(A) $\iint\limits_{\Sigma}z\mathrm{d}x\mathrm{d}y=-2\pi$.

(B) $\iint\limits_{\Sigma}z\mathrm{d}x\mathrm{d}y=2\pi$.

(C) $\iint\limits_{\Sigma}x\mathrm{d}y\mathrm{d}z=2\pi$.

(D) $\iint\limits_{\Sigma}y\mathrm{d}z\mathrm{d}x=2\pi$.

2. 设曲面 Σ 为 $z=1(x^2+y^2\leqslant4)$ 的下侧，在三个坐标平面上的投影区域分别记为 D_{xy}，D_{yz}，D_{zx}，则曲面积分 $\iint\limits_{\Sigma}P(x,y,z)\mathrm{d}x\mathrm{d}y$ 可转化为二重积分(　　).

(A) $\iint\limits_{D_{xy}}P(x,y,1)\mathrm{d}x\mathrm{d}y$.

(B) $-\iint\limits_{D_{xy}}P(x,y,1)\mathrm{d}x\mathrm{d}y$.

(C) $\iint\limits_{D_{yz}}P(x,y,1)\mathrm{d}y\mathrm{d}z$.

(D) $\iint\limits_{D_{zx}}P(x,y,1)\mathrm{d}z\mathrm{d}x$.

二、综合题

1. 计算曲面积分 $I=\iint\limits_{\Sigma}y^2z\mathrm{d}x\mathrm{d}y$，其中曲面 Σ 是 $z=x^2+y^2$ 介于 $z=0$ 和 $z=1$ 之间部分的上侧.

2. 计算曲面积分 $I=\iint\limits_{\Sigma}x^2y^2z\mathrm{d}x\mathrm{d}y$，其中曲面 Σ 是球面 $x^2+y^2+z^2=a^2(a>0)$ 的下半部分的下侧.

3. 把对坐标的曲面积分 $\iint\limits_{\Sigma}P\mathrm{d}y\mathrm{d}z+Q\mathrm{d}z\mathrm{d}x+R\mathrm{d}x\mathrm{d}y$ 化为对面积的曲面积分，其中 Σ 是平面 $3x+2y+2\sqrt{3}z=6$ 在第一卦限部分的上侧.

同步练习 68(A)

学号_____　姓名_____　班序号_____

主要内容：两类曲面积分的计算与应用综合练习.

一、填空题

设曲面构件 Σ 上任意一点处的面密度为 $\rho(x, y, z)$，则该曲面构件关于 x 轴的转动惯量为 $I_x = $ _____.

三、综合题

1. 计算曲面积分 $I = \iint\limits_{\Sigma} y^2 \mathrm{d}S$，其中曲面 Σ 是平面 $x + y + z = 1$ 在第一卦限部分.

2. 计算平面 $\Sigma: x + y + z = 2$ 被圆柱面 $x^2 + y^2 = a^2$ 所截下部分图形的面积.

3. 计算曲面积分 $I = \iint\limits_{\Sigma} z \mathrm{d}x\mathrm{d}y$，其中曲面 Σ 是圆锥面 $z = \sqrt{x^2 + y^2}\,(z \leqslant 1)$ 在第一卦限部分的下侧.

4. 计算曲面积分 $I = \iint\limits_{\Sigma} x^2 \mathrm{d}y\mathrm{d}z + z\mathrm{d}x\mathrm{d}y$，其中曲面 Σ 是球面 $x^2 + y^2 + z^2 = 1$ 的外侧.

同步练习 67(B)

学号_____ 姓名_____ 班序号_____

主要内容:参见同步练习 67(A).

一、选择题

设曲面 Σ 为 $z=-1(0\leqslant x\leqslant 1,0\leqslant y\leqslant 1)$ 的上侧,则(　　).

(A) $\iint\limits_{\Sigma}z\,\mathrm{d}x\mathrm{d}y=1$.   (B) $\iint\limits_{\Sigma}z\,\mathrm{d}y\mathrm{d}z=1$.

(C) $\iint\limits_{\Sigma}z\,\mathrm{d}z\mathrm{d}x=-1$.   (D) $\iint\limits_{\Sigma}z\,\mathrm{d}x\mathrm{d}y=-1$.

二、综合题

1. 计算曲面积分 $I=\iint\limits_{\Sigma}xyz^2\,\mathrm{d}x\mathrm{d}y$,其中曲面 Σ 是球面 $x^2+y^2+z^2=1$ 外侧在 $x\geqslant 0,y\geqslant 0$ 的部分.

2. 计算曲面积分 $I=\iint\limits_{\Sigma}x\,\mathrm{d}y\mathrm{d}z+y\,\mathrm{d}z\mathrm{d}x+z\,\mathrm{d}x\mathrm{d}y$,其中 Σ 为柱面 $x^2+y^2=1$ 被平面 $z=0,z=3$ 所截得在第一卦限部分的前侧.

3. 计算曲面积分 $I=\iint\limits_{\Sigma}xy\,\mathrm{d}y\mathrm{d}z+z\,\mathrm{d}x\mathrm{d}y$,其中 Σ 为旋转抛物面 $z=x^2+y^2,x\geqslant 0,y\geqslant 0,z\leqslant 1$ 的上侧.

同步练习 68(B)

学号＿＿＿＿＿　姓名＿＿＿＿　班序号＿＿＿＿

主要内容:参见同步练习 68(A).

综合题

1. 计算曲面积分 $I = \iint\limits_{\Sigma} y \sin(x^2 + y^2 + z^2) \mathrm{d}S$,其中曲面 Σ 是抛物面 $z = x^2 + y^2$ 被平面 $z = 4$ 所截得的部分.

2. 具有质量的曲面 Σ 是曲面 $z = \sqrt{2 - x^2 - y^2}$ 在锥面 $z = \sqrt{x^2 + y^2}$ 内的部分,如果 Σ 上每点的面密度等于该点到 xOy 面距离的倒数,求 Σ 的质量.

3. 计算曲面积分 $I = \iint\limits_{\Sigma} (x^2 + y^2) z \mathrm{d}x\mathrm{d}y$,其中曲面 Σ 是球面 $x^2 + y^2 + z^2 = 1$ 下半部分的下侧.

4. 计算曲面积分 $I = \iint\limits_{\Sigma} (y - z)\mathrm{d}y\mathrm{d}z + (z - x)\mathrm{d}z\mathrm{d}x + (x - y)\mathrm{d}x\mathrm{d}y$,其中曲面 Σ 是 $z = \sqrt{x^2 + y^2}$ $(0 \leqslant z \leqslant h)$ 的下侧.

同步练习 69(A)

学号＿＿＿＿＿　姓名＿＿＿＿　班序号＿＿＿＿

主要内容：高斯(Gauss)公式，通量与散度.

一、填空题

1. 向量场 $\boldsymbol{F} = \{xy, yz, zx\}$ 的散度 div $\boldsymbol{F} =$

＿＿＿＿＿＿＿．

2. 设 Σ 是介于 $z = 0$ 和 $z = 3$ 之间的圆柱体 $x^2 + y^2 \leqslant 9$ 的整个表面的外侧，则曲面积分 $\oiint\limits_{\Sigma} x\,\mathrm{d}y\mathrm{d}z + y\,\mathrm{d}z\mathrm{d}x + z\,\mathrm{d}x\mathrm{d}y =$ ＿＿＿＿＿＿．

二、综合题

1. 计算曲面积分 $I = \oiint\limits_{\Sigma} x^2 yz\,\mathrm{d}y\mathrm{d}z + xy^2 z\,\mathrm{d}z\mathrm{d}x + xyz^2\,\mathrm{d}x\mathrm{d}y$，其中 Σ 为立方体 $0 \leqslant x \leqslant 1$，$0 \leqslant y \leqslant 1$，$0 \leqslant z \leqslant 1$ 全表面的外侧.

2. 计算曲面积分 $I = \oiint\limits_{\Sigma} 2xy\,\mathrm{d}y\mathrm{d}z - y^2\,\mathrm{d}z\mathrm{d}x + z^2\,\mathrm{d}x\mathrm{d}y$，其中 Σ 为圆柱面 $x^2 + y^2 = 1$ 与平面 $z = 0$，$z = a(a > 0)$ 所围立体全表面的外侧.

3. 计算曲面积分 $\iint\limits_{\Sigma} (y - z)\,\mathrm{d}y\mathrm{d}z + (z - x)\,\mathrm{d}z\mathrm{d}x + (x - y)\,\mathrm{d}x\mathrm{d}y$，其中 Σ 是 $z^2 = x^2 + y^2 (0 \leqslant z \leqslant h)$ 的下侧.

4. 设向量场 $\boldsymbol{F}(x, y, z) = y\cos z\boldsymbol{i} + x\sin z\boldsymbol{j} + z^2\boldsymbol{k}$，试利用高斯公式，计算该向量场 $\boldsymbol{F}$ 穿过上半圆锥面 $z = \sqrt{x^2 + y^2}$ 与平面 $z = 1$ 所围全表面外侧的通量.

同步练习 70(A)

学号＿＿＿＿＿　姓名＿＿＿＿　班序号＿＿＿＿

主要内容：高斯(Gauss)公式，通量与散度；斯托克斯(Stokes)公式，环流量和旋度.

综合题

1. 计算曲面积分 $I = \oiint\limits_{\Sigma} (y^2 - x)\mathrm{d}y\mathrm{d}z + (z^2 - y)\mathrm{d}z\mathrm{d}x + (x^2 - z)\mathrm{d}x\mathrm{d}y$，其中 Σ 是旋转抛物面 $z = 2 - x^2 - y^2$ 与 $z = 0$ 所围立体表面的外侧.

2. 设向量场 $\boldsymbol{F}(x, y, z) = xz\boldsymbol{i} + 2xyz\boldsymbol{j} - xz^2\boldsymbol{k}$，试利用高斯公式，计算该向量场 $\boldsymbol{F}$ 穿过圆锥体 Ω：$x^2 + y^2 \leqslant z^2 (0 \leqslant z \leqslant 1)$ 的全表面流向外侧的通量 Φ.

3. 设对于半空间 $x > 0$ 内任意的光滑有向封闭曲面 Σ 的外侧，都有 $\oiint\limits_{\Sigma} xf(x)\mathrm{d}y\mathrm{d}z - xyf(x)\mathrm{d}z\mathrm{d}x - \mathrm{e}^{2x}z\mathrm{d}x\mathrm{d}y = 0$，其中函数 $f(x)$ 在 $(0, +\infty)$ 内具有连续的一阶导数，且 $\lim\limits_{x \to 0^+} f(x) = 1$. 求 $f(x)$.

4. 利用斯托克斯公式计算曲线积分 $I = \oint\limits_{\Gamma} z\mathrm{d}x + x\mathrm{d}y + y\mathrm{d}z$，其中 Γ 是平面 $x + y + z = 1$ 在第一卦限部分的整个三角形的边界，Γ 的正向与该三角形上侧的法向量符合右手法则.

同步练习 69(B)

学号_____   姓名_____   班序号_____

主要内容:参见同步练习 69(A).

一、填空题

设曲面 Σ 为球面 $(x-a)^2 + (y-b)^2 + (z-c)^2 = R^2$ 的外侧,则曲面积分 $\oiint\limits_{\Sigma} z \mathrm{d}x\mathrm{d}y =$

_____.

二、综合题

1. 利用高斯公式计算曲面积分 $\iint\limits_{\Sigma}(x+y)\mathrm{d}y\mathrm{d}z + (y+z)\mathrm{d}z\mathrm{d}x + (z+x)\mathrm{d}x\mathrm{d}y$,其中 Σ 为上半球面 $z = \sqrt{1-x^2-y^2}$ 的上侧.

2. 计算曲面积分 $I = \iint\limits_{\Sigma} xz\mathrm{d}y\mathrm{d}z + (x^2-z)y\mathrm{d}x\mathrm{d}z - x^2 z\mathrm{d}x\mathrm{d}y$,其中 Σ 是抛物面 $x^2 + y^2 = a^2 z (a > 0)$ 在 $0 \leqslant z \leqslant 1$ 部分的下侧.

3. 计算曲面积分 $I = \iint\limits_{\Sigma} x\mathrm{d}y\mathrm{d}z + y\mathrm{d}x\mathrm{d}z + z\mathrm{d}x\mathrm{d}y$,其中 Σ 是界于 $z = 0$ 和 $z = 3$ 之间圆柱面 $x^2 + y^2 = 9$ 的外侧.

4. 设三元函数 $u(x, y, z)$ 具有连续的二阶偏导数,Σ 是有界闭区域 Ω 的光滑边界曲面,$\dfrac{\partial u}{\partial n}$ 为 u 沿 Σ 外法线方向的方向导数,$\Delta u = \dfrac{\partial^2 u}{\partial x^2} + \dfrac{\partial^2 u}{\partial y^2} + \dfrac{\partial^2 u}{\partial z^2}$,试证 $\oiint\limits_{\Sigma} \dfrac{\partial u}{\partial n}\mathrm{d}S = \iiint\limits_{\Omega} \Delta u\mathrm{d}x\mathrm{d}y\mathrm{d}z.$

同步练习 70(B)

学号_____　姓名_____　班序号_____

主要内容:参见同步练习 70(A).

综合题

1. 计算曲面积分 $I = \oiint\limits_{\Sigma} x\mathrm{d}y\mathrm{d}z + y\mathrm{d}z\mathrm{d}x$,其中曲面 Σ 是由上半圆锥面 $z = \sqrt{x^2 + y^2}$ 与上半球面 $z = \sqrt{R^2 - x^2 - y^2}$ $(R > 0)$ 围成的空间区域全表面的外侧.

2. 计算曲面积分 $I = \iint\limits_{\Sigma} y^2\mathrm{d}y\mathrm{d}z + x^2\mathrm{d}z\mathrm{d}x + z^2\mathrm{d}x\mathrm{d}y$,其中 Σ 为圆柱面 $x^2 + y^2 = 1(0 \leqslant z \leqslant 3)$ 的外侧.

3. 计算曲面积分 $I = \iint\limits_{\Sigma} \dfrac{y\mathrm{d}y\mathrm{d}z + x\mathrm{d}z\mathrm{d}x + z\mathrm{d}x\mathrm{d}y}{(x^2 + y^2 + z^2)^{\frac{3}{2}}}$,

其中 Σ 为椭球面 $2x^2 + 2y^2 + z^2 = 4$ 的外侧.

4. 计算曲线积分 $I = \oint\limits_{\Gamma} 2y\mathrm{d}x + 3x\mathrm{d}y - z^2\mathrm{d}z$,其中曲线 Γ 为圆周 $\begin{cases} x^2 + y^2 + z^2 = 1, \\ z = 0 \end{cases}$,从 z 轴正向看去,这圆周取逆时针方向.

第十一章　无　穷　级　数

同步练习 71(A)

学号＿＿＿＿＿　姓名＿＿＿＿＿　班序号＿＿＿＿＿

主要内容：常数项级数的概念；常数项级数收敛与发散的概念；收敛级数的和的概念；级数的基本性质与收敛的必要条件.

一、选择题

1. 若 $\lim\limits_{n \to \infty} a_n = 0$，则级数 $\sum\limits_{n=1}^{\infty} a_n$（　　）.

(A) 收敛且和为 0.

(B) 收敛但和不一定为 0.

(C) 发散.

(D) 可能收敛也可能发散.

2. 若级数 $\sum\limits_{n=1}^{\infty} u_n$ 收敛，$\sum\limits_{n=1}^{\infty} v_n$ 发散，k 为非零常数，则下列叙述一定正确的是（　　）.

(A) $\lim\limits_{n \to \infty} v_n = 0$.

(B) $\sum\limits_{n=1}^{\infty} (u_n + v_n)$ 收敛.

(C) $\lim\limits_{n \to \infty} u_n = 0$.

(D) $\sum\limits_{n=1}^{\infty} k u_n$ 发散.

二、填空题

1. 数项级数 $\sum\limits_{n=1}^{\infty} \left(\dfrac{1}{\sqrt{n}} - \dfrac{1}{\sqrt{n+1}} \right)$ 的和 $S =$＿＿＿＿＿

＿＿＿＿＿.

2. 无穷级数 $\sum\limits_{n=0}^{\infty} \left(\dfrac{2}{3} \right)^n$ 的和 $S =$＿＿＿＿＿.

3. 写出级数 $\dfrac{\sqrt{x}}{2} + \dfrac{x}{2 \cdot 4} + \dfrac{x\sqrt{x}}{2 \cdot 4 \cdot 6} + \dfrac{x^2}{2 \cdot 4 \cdot 6 \cdot 8} +$

$\cdots$ 的一般项为＿＿＿＿＿.

三、综合题

1. 若 $\lim\limits_{n \to \infty} a_n = a$，求级数 $\sum\limits_{n=1}^{\infty} (a_n - a_{n+1})$ 的值.

2. 求级数 $1 - \dfrac{1}{3} + \dfrac{1}{2} - \dfrac{1}{9} + \cdots + \dfrac{1}{2^{n-1}} - \dfrac{1}{3^n} + \cdots$

的和.

3. 用级数收敛和发散的定义判定级数 $\sum\limits_{n=1}^{\infty} (\sqrt{n+1} - \sqrt{n})$ 的敛散性.

同步练习 72(A)

学号_____ 姓名_____ 班序号_____

主要内容：几何级数与 p-级数及其敛散性；正项级数的审敛法—比较审敛法或极限形式的比较审敛法.

综合题

1. 用比较审敛法或极限形式的比较审敛法判别下列级数的敛散性.

(1) $\sum\limits_{n=1}^{\infty} \dfrac{1}{2n-1}$.

(2) $\sum\limits_{n=1}^{\infty} \dfrac{1}{(n+1)(n+4)}$.

(3) $\sum\limits_{n=1}^{\infty} \sin\dfrac{\pi}{2^n}$.

(4) $\sum\limits_{n=1}^{\infty} \dfrac{1}{\sqrt{n(n^2+1)}}$.

2. 判定下列级数的敛散性.

(1) $\sum\limits_{n=0}^{\infty} \arctan\dfrac{1}{n^2+1}$.

(2) $\sum\limits_{n=1}^{\infty} \dfrac{1+n}{1+n^2}$.

3. 设非负数列 $\{a_n\}$ 单调递减，且级数 $\sum\limits_{n=1}^{\infty} \sqrt{a_{n-1}a_n}$ 收敛，证明：级数 $\sum\limits_{n=1}^{\infty} a_n$ 收敛.

同步练习 71(B)

学号_____ 姓名_____ 班序号_____

主要内容:参见同步练习 71(A).

一、选择题

1. 设数项级数 $\sum\limits_{n=0}^{\infty} (\ln a)^n$ 收敛,则常数 a 所在的区间是( ).

(A) $(0, e)$.

(B) $(0, 1)$.

(C) (e^{-1}, e).

(D) $(0, e^{-1})$.

2. 下列常数项级数收敛的是( ).

(A) $\sum\limits_{n=1}^{\infty} \dfrac{2^n + 4^n}{3^n}$.

(B) $\sum\limits_{n=1}^{\infty} \dfrac{1}{n^2}$.

(C) $\sum\limits_{n=1}^{\infty} \dfrac{1}{\sqrt{n}}$.

(D) $\sum\limits_{n=1}^{\infty} \dfrac{n}{n+1}$.

3. 若级数 $\sum\limits_{n=1}^{\infty} u_n$ 收敛于 S,则级数 $\sum\limits_{n=1}^{\infty} (u_n + u_{n+1})$( ).

(A) 收敛于 2S.

(B) 收敛于 $2S + u_1$.

(C) 收敛于 $2S - u_1$.

(D) 发散.

二、填空题

1. 级数 $\sum\limits_{n=1}^{\infty} (\sqrt[2n+1]{a} - \sqrt[2n-1]{a})$ 的和为_____.

2. 无穷级数 $\sum\limits_{n=1}^{\infty} \dfrac{1}{n(n+1)(n+2)}$ 的和为_____.

三、综合题

1. 若 $\lim\limits_{n\to\infty} b_n = +\infty$, $b_n \neq 0$,求级数 $\sum\limits_{n=1}^{\infty} \left(\dfrac{1}{b_n} - \dfrac{1}{b_{n+1}} \right)$ 的值.

2. 设 $a > 1$,求 $\lim\limits_{n\to\infty} \left(\dfrac{1}{a} + \dfrac{2}{a^2} + \cdots + \dfrac{n}{a^n} \right)$.

3. 求级数 $\sum\limits_{n=1}^{\infty} \dfrac{1}{\sqrt{n(n+1)} (\sqrt{n} + \sqrt{n+1})}$ 的和.

同步练习 72(B)

学号_____　姓名_____　班序号_____

主要内容：参见同步练习 72(A).

综合题

1. 用比较审敛法或极限形式的比较审敛法判别下
列级数的敛散性.

(1) $\displaystyle\sum_{n=1}^{\infty} \frac{1}{(3n-2)(3n+1)}$.

(2) $\displaystyle\sum_{n=1}^{\infty} \frac{1+n}{1+n^2}$.

(3) $\displaystyle\sum_{n=1}^{\infty} \frac{6^n}{7^n-5^n}$.

(4) $\displaystyle\sum_{n=1}^{\infty} \frac{n^{n+1}}{(n+1)^{n+2}}$.

(5) $\displaystyle\sum_{n=1}^{\infty} \frac{1}{1+a^n}(a>0)$.

2. 设 $a_n = \displaystyle\int_0^{\frac{\pi}{4}} \tan^n x \, \mathrm{d}x$，证明级数 $\displaystyle\sum_{n=1}^{\infty} \frac{1}{n}(a_n+a_{n+2})$
的和为 1.

同步练习 73(A)

学号＿＿＿＿＿　姓名＿＿＿＿　班序号＿＿＿＿

主要内容：正项级数的审敛法—比值和根值判别法.

综合题

1. 用比值或根值审敛法判别下列级数的敛散性.

（1）$\sum\limits_{n=1}^{\infty} \dfrac{3^n \cdot n!}{n^n}$.

（2）$\sum\limits_{n=1}^{\infty} \dfrac{4^n}{5^n - 3^n}$.

（3）$\sum\limits_{n=1}^{\infty} n \cdot \tan \dfrac{\pi}{2^{n+1}}$.

（4）$\sum\limits_{n=0}^{\infty} \left(\dfrac{an}{n+1} \right)^n$, $a > 1$.

2. 判定级数 $\sum\limits_{n=1}^{\infty} \dfrac{1}{\left[\ln(n+1) \right]^n}$ 的敛散性.

3. 求极限 $\lim\limits_{n \to \infty} \dfrac{2^n}{n!}$.

同步练习 74(A)

学号＿＿＿＿＿　姓名＿＿＿＿　班序号＿＿＿＿

主要内容: 一般常数项级数的概念以及交错级数的概念;交错级数与莱布尼茨定理;任意项级数的绝对收敛与条件收敛概念及判定方法.

一、填空题

1. 级数 $2 - \dfrac{2^2}{2!} + \dfrac{2^3}{3!} - \dfrac{2^4}{4!} + \cdots$ 的通项为 ＿＿＿＿＿＿＿＿.

2. 求 $\lim\limits_{n \to \infty} \dfrac{n \cdot \cos^3 \frac{n}{3}\pi}{2^n} = $ ＿＿＿＿＿＿＿＿.

二、综合题

1. 判定级数 $1 - \dfrac{1}{\sqrt{2}} + \dfrac{1}{\sqrt{3}} - \dfrac{1}{\sqrt{4}} + \cdots$ 是否收敛?如果收敛是绝对收敛还是条件收敛?

2. 判定级数 $\sum\limits_{n=1}^{\infty} (-1)^{n-1} \dfrac{n}{3^{n-1}}$ 是否收敛?如果收敛是绝对收敛还是条件收敛?

3. 判定级数 $\sum\limits_{n=1}^{\infty} (-1)^{n-1} \dfrac{1}{3 \cdot 2^n}$ 是否收敛?如果收敛是绝对收敛还是条件收敛?

4. 判定级数 $\sum\limits_{n=1}^{\infty} (-1)^n (\sqrt{n+1} - \sqrt{n})$ 是否收敛?如果收敛是绝对收敛还是条件收敛?

同步练习 73(B)

学号＿＿＿＿＿　姓名＿＿＿＿　班序号＿＿＿＿

主要内容：参见同步练习 73(A).

综合题

1. 用比值或根值审敛法判别下列级数的敛散性.

(1) $\displaystyle\sum_{n=1}^{\infty} \frac{n^2}{3^n}$.

(2) $\displaystyle\sum_{n=1}^{\infty} \frac{3^n}{n \cdot 2^n}$.

(3) $\displaystyle\sum_{n=1}^{\infty} \frac{1}{[\ln(n+1)]^n}$.

(4) $\displaystyle\sum_{n=1}^{\infty} \left(\frac{n}{3n-1}\right)^{2n-1}$.

(5) $\displaystyle\sum_{n=1}^{\infty} \left(\frac{b}{a_n}\right)^n$，其中 $a_n \rightarrow a(n \rightarrow \infty)$，$a_n$，$a$ 和 b 均为正数.

2. 判定下列级数的敛散性.

(1) $\displaystyle\sum_{n=1}^{\infty} \frac{n \cdot \cos^2\left(\dfrac{n\pi}{3}\right)}{2^n}$.

(2) $\displaystyle\sum_{n=1}^{\infty} \frac{1}{n\sqrt[n]{n}}$.

同步练习 74(B)

学号＿＿＿＿＿　姓名＿＿＿＿　班序号＿＿＿＿

　　主要内容:参见同步练习 74(A).

一、选择题

1. 设级数 $\sum\limits_{n=1}^{\infty} u_n$ 收敛,则必收敛的级数为(　　).

(A) $\sum\limits_{n=1}^{\infty} (-1)^n \dfrac{u_n}{n}$.

(B) $\sum\limits_{n=1}^{\infty} u_n^2$.

(C) $\sum\limits_{n=1}^{\infty} (u_{2n-1} - u_{2n})$.

(D) $\sum\limits_{n=1}^{\infty} (u_n + u_{n+1})$.

2. 设 $u_n \neq 0(n=1, 2, \cdots)$ 且 $\lim\limits_{n\to\infty} \dfrac{n}{u_n} = 1$,则级数

$\sum\limits_{n=1}^{\infty} (-1)^{n+1} \left(\dfrac{1}{u_n} + \dfrac{1}{u_{n+1}} \right)$ (　　).

(A) 发散.

(B) 绝对收敛.

(C) 条件收敛.

(D) 收敛性根据所给条件不能判定.

二、填空题

1. 已知级数 $\sum\limits_{n=1}^{\infty} (-1)^{n-1} a_n = 2$, $\sum\limits_{n=1}^{\infty} a_{2n-1} = 5$,则级

数 $\sum\limits_{n=1}^{\infty} a_n = $ ＿＿＿＿＿.

2. 求级数 $\dfrac{4}{5} - \dfrac{4^2}{5^2} + \dfrac{4^3}{5^3} - \cdots$ 的和为＿＿＿＿＿.

三、综合题

1. 判定级数 $\sum\limits_{n=1}^{\infty} \dfrac{(-1)^{n-1}}{\ln(n+1)}$ 是否收敛?如果收敛是

绝对收敛还是条件收敛?

2. 判定级数 $\sum\limits_{n=1}^{\infty} (-1)^n \dfrac{n^{n+1}}{(n+1)!}$ 的敛散性.

同步练习 75(A)

学号_____ 姓名_____ 班序号_____

主要内容:交错级数与莱布尼茨定理;任意项级数的绝对收敛与条件收敛概念及判定方法.

综合题

1. 判定下列级数是否收敛?如果收敛是绝对收敛还是条件收敛?

   (1) $\sum\limits_{n=1}^{\infty} (-1)^n \dfrac{1}{\sqrt{n+2}}$.

   (2) $\sum\limits_{n=1}^{\infty} (-1)^{n-1} \ln\left(1+\dfrac{1}{n}\right)$.

   (3) $\sum\limits_{n=1}^{\infty} (-1)^n \sin\dfrac{1}{n}$.

2. 设级数 $\sum\limits_{n=1}^{\infty} a_n$ 和 $\sum\limits_{n=1}^{\infty} b_n$ 皆收敛,且 $a_n \leqslant c_n \leqslant b_n$ $(n=1, 2, \cdots)$,证明级数 $\sum\limits_{n=1}^{\infty} c_n$ 收敛.

同步练习 76(A)

学号＿＿＿＿＿＿　姓名＿＿＿＿＿　班序号＿＿＿＿＿

主要内容：幂级数及其收敛半径、收敛区间（指开区间）和收敛域，简单幂级数的和函数的求法.

一、选择题

1. 幂级数 $\sum\limits_{n=1}^{\infty} \dfrac{(-1)^n}{n} x^n$（　　）.

（A）在 $x = -1$, $x = 1$ 处均发散.

（B）在 $x = -1$ 处收敛, 在 $x = 1$ 处发散.

（C）在 $x = -1$ 处发散, 在 $x = 1$ 处收敛.

（D）在 $x = -1$, $x = 1$ 处均收敛.

2. 若 $\sum\limits_{n=0}^{\infty} a_n x^n$ 在 $x = 2$ 处收敛, 则幂级数

$\sum\limits_{n=0}^{\infty} a_n \left(x - \dfrac{1}{2}\right)^n$ 在 $x = 2$ 处（　　）.

（A）发散.

（B）条件收敛.

（C）绝对收敛.

（D）敛散性不确定.

二、填空题

1. 幂级数 $\sum\limits_{n=1}^{\infty} \dfrac{x^n}{n!\, 2^n}$ 的收敛区间为＿＿＿＿＿＿.

2. $\sum\limits_{n=0}^{\infty} \dfrac{(-1)^n}{n!} x^{2n}$ 在 $(-\infty, +\infty)$ 内的和函数

为＿＿＿＿＿＿.

三、计算题

1. 求幂级数 $\sum\limits_{n=0}^{\infty} \dfrac{n}{3^n} (x-1)^n$ 的收敛区间.

2. 求幂级数 $\sum\limits_{n=1}^{\infty} n x^{n-1}$ 的和函数.

3. 求幂级数 $\sum\limits_{n=0}^{\infty} \dfrac{x^{2n+1}}{2n+1}$ 的收敛区间以及和函数.

同步练习 75(B)

学号_____　姓名_____　班序号_____

主要内容: 参见同步练习 75(A).

综合题

1. 判定下列级数是否收敛?如果收敛是绝对收敛
   还是条件收敛?

   (1) $\sum\limits_{n=1}^{\infty} (-1)^{n+1} \ln \dfrac{n}{n+1}$.

   (2) $\sum\limits_{n=1}^{\infty} \dfrac{(-1)^n \ln^2 n}{n}$.

   (3) $\sum\limits_{n=1}^{\infty} (-1)^n \dfrac{n \cdot \cos^2 \dfrac{n}{3}\pi}{2^n}$.

2. 设数列 $\{u_n\}$ 满足 $\lim\limits_{n\to\infty} nu_n = 1$. 证明: 级数

   $\sum\limits_{n=1}^{\infty} (-1)^{n+1} (u_n + u_{n+1})$ 收敛并求和.

同步练习 76(B)

学号＿＿＿＿＿　姓名＿＿＿＿　班序号＿＿＿＿

主要内容：参见同步练习 76(A).

一、填空题

1. 幂级数 $\displaystyle\sum_{n=1}^{\infty} \frac{n}{2^n+(-3)^n} x^{2n-1}$ 的收敛半径为

＿＿＿＿＿＿＿.

2. 设幂级数 $\displaystyle\sum_{n=0}^{\infty} a_n x^n$ 的收敛半径为 3，则幂级数

$\displaystyle\sum_{n=0}^{\infty} na_n (x-1)^{n+1}$ 的收敛区间为＿＿＿＿＿＿.

3. 幂级数 $\displaystyle\sum_{n=1}^{\infty} (-1)^{n-1} nx^{n-1}$ 在 $(-1,1)$ 内的和函数为＿＿＿＿＿＿.

二、计算题

1. 求幂级数 $\displaystyle\sum_{n=0}^{\infty} \frac{(x-3)^n}{(n+1) \cdot 5^n}$ 的收敛区间.

2. 求幂级数 $\displaystyle\sum_{n=1}^{\infty} \frac{2n-1}{2^n} x^{2n-2}$ 的收敛半径和收敛区间.

3. 求幂级数 $\displaystyle\sum_{n=1}^{\infty} \frac{x^n}{n \cdot 2^n}$ 的和函数，并求数项级数

$$\sum_{n=1}^{\infty} \frac{(-1)^{n-1}}{n} = 1 - \frac{1}{2} + \frac{1}{3} + \cdots + \frac{(-1)^{n-1}}{n} + \cdots$$

的和.

4. 求数项级数 $\displaystyle\sum_{n=1}^{\infty} \frac{n^2}{n!}$ 的和.

同步练习 77(A)

学号＿＿＿＿＿   姓名＿＿＿＿   班序号＿＿＿＿

主要内容:初等函数的幂级数展开式.

计算题

1. 利用 e^x 的幂级数展开式,将函数 $f(x) = x(e^{2x} - 1)$ 展开为 x 的幂级数(指出收敛区间).

2. 将函数 $f(x) = \dfrac{x}{(1-x)^2}$ 展开为 x 的幂级数.

3. 将 $\sin^2 x$ 展开成 x 的幂级数,并求展开式成立的区间.

4. 将函数 $f(x) = \dfrac{1}{x}$ 展开成 $x - 3$ 的幂级数.

5. 将函数 $f(x) = \ln(3x - x^2)$ 在 $x = 1$ 处展开成幂级数.

同步练习 78(A)

学号_____ 姓名_____ 班序号_____

主要内容:习题课,主要包括幂级数及其收敛半径、收敛区间(指开区间)和收敛域,简单幂级数的和函数的求法以及初等函数的幂级数展开式.

计算题

1. 求幂级数 $\sum\limits_{n=0}^{\infty} \dfrac{(n+1)x^n}{3^n}$ 的收敛区间与和函数.

2. 利用 e^x 的幂级数展开式,将函数 $f(x) = e^{2x}(e^x+1)$ 展开为 x 的幂级数(指出收敛区间).

3. 已知幂级数 $\sum\limits_{n=1}^{\infty} \dfrac{(-1)^{n-1}}{n \cdot 3^n}x^n$,求其收敛区间以及收敛区间上的和函数.

4. 将函数 $f(x) = \dfrac{1}{x^2-3x+2}$ 展开成 x 的幂级数,并指明收敛区间.

同步练习 77(B)

学号＿＿＿＿　姓名＿＿＿　班序号＿＿＿

主要内容：参见同步练习 77(A).

计算题

1. 利用 $\ln(1+x)$ 的幂级数展开式，将函数 $f(x) = x\ln(1+2x)$ 展开为 x 的幂级数，并指出收敛域.

2. 将函数 $f(x) = \dfrac{1}{x^2 + 3x + 2}$ 展开成 $x+4$ 的幂级数.

3. 将函数 $f(x) = x\arctan x - \ln\sqrt{1+x^2}$ 展开成 x 的幂级数.

4. 把级数 $\displaystyle\sum_{n=1}^{\infty} \dfrac{(-1)^{n-1}}{(2n-1)! \cdot 2^{2n-2}} x^{2n-1}$ 的和函数展开成 $x-1$ 的幂级数.

同步练习 78(B)

学号＿＿＿＿＿　姓名＿＿＿＿＿　班序号＿＿＿＿＿

主要内容:参见同步练习 78(A).

一、填空题

1. 若幂级数 $\sum\limits_{n=0}^{\infty} a_n (x-1)^n$ 当 $x = -5$ 时条件收敛,则 $\sum\limits_{n=0}^{\infty} a_n x^n$ 的收敛半径 $R =$ ＿＿＿＿＿.

2. 幂级数 $\sum\limits_{n=0}^{\infty} \dfrac{x^{n+1}}{2}$ 在 $(-2, 2)$ 上的和函数 $s(x) =$ ＿＿＿＿＿.

二、计算题

1. 求幂级数 $\sum\limits_{n=1}^{\infty} n(n+1) x^n$ 的和函数.

2. 利用 e^x 的幂级数展开式,将函数 $f(x) = \dfrac{e^{3x} + 1}{e^x}$ 展开为 x 的幂级数并指出收敛区间.

3. 求幂级数 $\sum\limits_{n=0}^{\infty} \dfrac{(-1)^n}{2n+1} x^{2n+1}$ 的收敛域与和函数,并求数项级数 $\sum\limits_{n=0}^{\infty} \dfrac{(-1)^n}{2n+1} = 1 - \dfrac{1}{3} + \dfrac{1}{5} - \dfrac{1}{7} + \cdots + \dfrac{(-1)^n}{2n+1} + \cdots$ 的和.

同步练习 79（A）

学号＿＿＿＿＿＿　姓名＿＿＿＿＿　班序号＿＿＿＿＿

主要内容：函数的傅里叶（Fourier）系数与傅里叶级数，狄利克雷（Dirichlet）定理，函数在$[-\pi, \pi]$上的傅里叶级数，函数在$[-\pi, \pi]$上的正弦级数和余弦级数.

一、填空题

1. 设周期函数在一个周期内的表达式为 $f(x) = \begin{cases} -1, & -\pi < x \leqslant 0, \\ 1 + x^2, & 0 < x \leqslant \pi \end{cases}$，则它的傅里叶级数在 $x = \pi$ 处收敛于＿＿＿＿＿＿.

2. 设函数 $f(x) = \pi x + x^3 \ (-\pi \leqslant x \leqslant \pi)$ 的傅里叶级数展开式 $\dfrac{a_0}{2} + \sum\limits_{n=1}^{\infty} (a_n \cos nx + b_n \sin nx)$，则其中系数 $a_n = $ ＿＿＿＿＿＿.

二、计算题

1. 已知以 2π 为周期的函数 $f(x)$ 在 $(-\pi, \pi]$ 上的表达式为 $f(x) = \begin{cases} x, & -\pi < x \leqslant 0, \\ -x + 1, & 0 < x \leqslant \pi. \end{cases}$ 试写出 $f(x)$ 的傅里叶级数展开式在区间 $(-\pi, \pi]$ 上的和函数 $s(x)$ 的表达式.

2. 设 $f(x)$ 是以 2π 为周期的周期函数，求 $f(x)$ 的傅里叶级数，其中 $f(x)$ 在 $[-\pi, \pi]$ 上的表达式为：
$$f(x) = \begin{cases} x, & -\pi \leqslant x < 0, \\ 0, & 0 \leqslant x < \pi. \end{cases}$$

同步练习 80(A)

学号_____ 姓名_____ 班序号_____

主要内容:无穷级数综合练习,主要包括:常数项级数敛散性,幂级数的和函数,函数展开成幂级数,傅里叶级数等内容.

一、选择题

1. 若级数 $\sum\limits_{n=1}^{\infty} u_n$ 收敛,$\sum\limits_{n=1}^{\infty} v_n$ 发散,k 为非零常数,则下列叙述一定正确的是( ).

(A) $\sum\limits_{n=1}^{\infty} (u_n + v_n)$ 收敛.

(B) $\lim\limits_{n\to\infty} v_n = 0$.

(C) $\sum\limits_{n=1}^{\infty} ku_n$ 发散.

(D) $\lim\limits_{n\to\infty} u_n = 0$.

2. 下列常数项级数收敛的是( ).

(A) $\sum\limits_{n=1}^{\infty} \dfrac{2^n + 4^n}{3^n}$.

(B) $\sum\limits_{n=1}^{\infty} \dfrac{1}{n^2}$.

(C) $\sum\limits_{n=1}^{\infty} \dfrac{1}{\sqrt{n}}$.

(D) $\sum\limits_{n=1}^{\infty} \dfrac{n}{n+1}$.

3. 设 $f(x)$ 是以 2π 为周期的函数,在一个周期内,

$f(x) = \begin{cases} x+1, & -\pi < x \leqslant 0, \\ x-1, & 0 < x \leqslant \pi, \end{cases}$ 则 $f(x)$ 的傅里叶级数在点 $x=1$ 处收敛于( ).

(A) -1. 　　　　　(B) 0.

(C) 1. 　　　　　(D) $\dfrac{1}{2}$.

二、填空题

1. 数项级数 $\sum\limits_{n=1}^{\infty} \left(\dfrac{1}{\sqrt{n}} - \dfrac{1}{\sqrt{n+1}} \right)$ 的和 $s = $ _____.

2. 幂级数 $\sum\limits_{n=1}^{\infty} \dfrac{2^n}{n^2+1} x^n$ 的收敛半径为_____.

3. 幂级数 $\sum\limits_{n=0}^{\infty} \dfrac{x^n}{4^{n+1}}$ 在收敛区间$(-4, 4)$上的和函数 $s(x) = $ _____.

三、计算题

1. 判别级数 $\sum\limits_{n=1}^{\infty} \dfrac{2^n \cdot n!}{n^n}$ 的敛散性.

2. 判别交错级数 $\sum\limits_{n=1}^{\infty} (-1)^{n-1} \ln\left(1 + \dfrac{1}{n}\right)$ 是否收敛?如果收敛,通过推导,指出是绝对收敛还是条件收敛.

同步练习 79(B)

学号＿＿＿＿＿   姓名＿＿＿＿   班序号＿＿＿＿

主要内容：参见同步练习 79(A).

一、计算题

1. 设 $f(x)$ 是以 2π 为周期的周期函数，在 $[-\pi, \pi]$

上的表达式 $f(x) = \begin{cases} 0, & -\pi \leqslant x < 0, \\ x^2, & 0 \leqslant x < \pi, \end{cases}$ 求

$f(x)$ 的傅里叶级数.

2. 将函数 $f(x) = 1 - \dfrac{x}{\pi}\,(0 \leqslant x \leqslant \pi)$ 展开成以 2π

为周期的余弦级数. 设此级数的和函数为

$s(x)$，求 $s(12)$.

二、证明题

设函数 $f(x)$ 在 $[-\pi, \pi]$ 上满足 $f(x + \pi) = -f(x)$，证明 $f(x)$ 的傅里叶系数满足 $a_0 = a_n = b_n = 0$.

同步练习 80(B)

学号_____　　姓名_____　　班序号_____

主要内容: 参见同步练习 80(A).

计算题

1. 判别交错级数 $\sum\limits_{n=1}^{\infty}(-1)^{n-1}\dfrac{n}{n^3+1}$ 是否收敛?如果收敛,通过推导,指出是绝对收敛还是条件收敛.

2. 求幂级数 $\sum\limits_{n=0}^{\infty}\dfrac{x^{2n+1}}{2n+1}$ 的收敛区间以及和函数.

3. 将函数 $f(x)=x(\mathrm{e}^{2x}-1)$ 展开为 x 的幂级数(指出收敛区间).

4. 证明级数 $\sum\limits_{n=1}^{\infty}\dfrac{2^n n!}{n^n}\sin(n!)$ 绝对收敛.

同步测试(七)

学号＿＿＿＿＿ 姓名＿＿＿＿ 班序号＿＿＿＿

一、填空题(本题有 6 小题,每小题 4 分,共 24 分)

1. 设曲线 $L: x^2 + y^2 = 1$，则曲线积分 $\oint_L (x-y)^2 \mathrm{d}s =$ ＿＿＿＿＿.

2. 在全平面上 $(axy + y)\mathrm{d}x + (bx + x^2)\mathrm{d}y = 0$ 为全微分方程,则常数 $a + b =$ ＿＿＿＿＿.

3. 设球面 $\Sigma: x^2 + y^2 + z^2 = a^2$ 的质量面密度 $\rho(x, y, z) = \dfrac{1}{x^2 + y^2 + z^2}$，则球面构件的质量为＿＿＿＿＿.

4. 向量场 $\boldsymbol{F} = \{e^z \cos x, xy^2 z, e^z \sin x\}$ 的散度 $\operatorname{div} \boldsymbol{F} =$ ＿＿＿＿＿.

5. 无穷级数 $\sum\limits_{n=1}^{\infty} \left(\dfrac{1}{n} - \dfrac{1}{n+2} \right)$ 的和 $s =$ ＿＿＿＿＿.

6. 若幂级数 $\sum\limits_{n=0}^{\infty} a_n (x-1)^n$ 当 $x = -5$ 时条件收敛,则 $\sum\limits_{n=0}^{\infty} a_n x^n$ 的收敛半径 $R =$ ＿＿＿＿＿.

二、单项选择题(本题有 5 小题,每小题 3 分,共 15 分)

1. 设 Σ 为平面 $z = 1 (0 \leqslant x \leqslant 1, 0 \leqslant y \leqslant 2)$ 的下侧,则下列结论中错误的是( ).

(A) $\iint\limits_{\Sigma} x\,\mathrm{d}y\mathrm{d}z = 0.$

(B) $\iint\limits_{\Sigma} y\,\mathrm{d}z\mathrm{d}x = 0.$

(C) $\iint\limits_{\Sigma} z\,\mathrm{d}x\mathrm{d}y = 2.$

(D) $\iint\limits_{\Sigma} z\,\mathrm{d}x\mathrm{d}y = -2.$

2. 下列常数项级数收敛的是( ).

(A) $\sum\limits_{n=1}^{\infty} \dfrac{n}{n+1}.$ (B) $\sum\limits_{n=1}^{\infty} \dfrac{1}{\sqrt{n}}.$

(C) $\sum\limits_{n=1}^{\infty} \dfrac{1}{n}.$ (D) $\sum\limits_{n=1}^{\infty} \dfrac{1}{n\sqrt{n}}.$

3. 设正项级数 $\sum\limits_{n=1}^{\infty} u_n$ 收敛 $(u_n > 0)$，k 为任意常数,则下列结论中不一定正确的是( ).

(A) $\lim\limits_{n \to \infty} \dfrac{u_{n+1}}{u_n} < 1.$

(B) $\sum\limits_{n=1}^{\infty} k u_n$ 收敛.

(C) $\lim\limits_{n \to \infty} u_n = 0.$

(D) $\sum\limits_{n=1}^{\infty} \dfrac{1}{u_n}$ 发散.

4. 设 $f(x)$ 是以 2π 为周期的函数,在一个周期内,$f(x) = \begin{cases} x^2 - 1, & -\pi < x \leqslant 0 \\ x^2 + 1, & 0 < x \leqslant \pi \end{cases}$，则 $f(x)$ 的傅里叶级数在点 $x = 0$ 处收敛于( ).

(A) $-1.$ (B) $0.$

(C) $1.$ (D) $2.$

5. 设曲线构件 L 上任意一点处的质量密度为 $\rho(x, y)$，且该曲线构件的质量为 m，质心坐标为 $(1, 2)$，则 $\int_L (1 + x + y)\rho(x, y)\mathrm{d}s = ($).

(A) $m.$ (B) $2m.$

(C) $3m.$ (D) $4m.$

三、计算题(本题有 5 小题,每小题 6 分,共 30 分)

1. 计算第一类曲线积分 $I = \int_L (y - x)\mathrm{d}s$，其中 L 为 $y = 2x$ 上点 $(0, 0)$ 与点 $(2, 4)$ 之间的直线段. (6 分)

2. 利用格林公式，计算曲线积分 $I = \int_L (xy^2 + 3)\mathrm{d}x + (x^2 y + 4x)\mathrm{d}y$，其中 L 为圆周 $x^2 + y^2 = 1$ 的下半部分从 $A(-1, 0)$ 到 $B(1, 0)$ 的一段弧.（6 分）

3. 判别交错级数 $\sum\limits_{n=1}^{\infty} (-1)^{n-1} \dfrac{\sqrt{n}+1}{n}$ 是否收敛？如果收敛，通过推导，指出是绝对收敛还是条件收敛.（6 分）

4. 求幂级数 $\sum\limits_{n=0}^{\infty} \dfrac{(n+1)x^n}{3^n}$ 的收敛区间与和函数.（6 分）

5. 利用 e^x 的幂级数展开式, 将函数 $f(x) = e^{2x}(e^x + 1)$ 展开为 x 的幂级数(指出收敛区间). (6分)

四、应用题(本题有 3 小题, 每小题 7 分, 共 21 分)

1. 试利用第二类曲线积分, 求质点在平面力场 $\boldsymbol{F}(x, y) = (x-y)\boldsymbol{i} + (x+y)\boldsymbol{j}$ 作用下沿抛物线 $L: y = x^2$ 从点 $(0, 0)$ 移动到点 $(1, 1)$ 所做的功 W 的值. (7分)

2. 利用第一类曲面积分, 计算旋转抛物面 $\Sigma: z = \dfrac{1}{2}(x^2 + y^2)$ 位于 $0 \leqslant z \leqslant 2$ 部分图形的面积. (7分)

3. 设向量场 $\boldsymbol{F}(x,y,z)=yz\boldsymbol{i}+xz\boldsymbol{j}+z^3\boldsymbol{k}$,试利用高斯公式,计算该向量场 $\boldsymbol{F}$ 穿过圆柱体 $\Omega:x^2+y^2\leqslant1,0\leqslant z\leqslant1$ 的全表面流向外侧的通量 Φ. (7 分)

五、证明题(本题有 2 小题,每小题 5 分,共 10 分)

1. 证明曲线积分 $I=\displaystyle\int_L\dfrac{-y\mathrm{d}x+x\mathrm{d}y}{x^2+y^2}$ 在上半平面 $(y>0)$ 内与积分路径无关. (5 分)

2. 证明级数 $\displaystyle\sum_{n=1}^{\infty}\dfrac{2^n n!}{n^n}\sin(n!)$ 绝对收敛. (5 分)

同步测试(八)

学号＿＿＿＿＿＿　姓名＿＿＿＿＿　班序号＿＿＿＿＿

一、填空题(每小题 4 分,共 20 分)

1. 设曲线 $L: x^2 + y^2 = 1$ 上任意一点处的质量密度

   为 $\rho(x, y) = \sqrt{x^2 + y^2}$,则该曲线构件的质量

   $M = $ ＿＿＿＿＿＿＿.

2. 在全平面上 $(x + 3y)dx + (kx + y)dy = 0$ 为全

   微分方程,则常数 $k = $ ＿＿＿＿＿＿.

3. 向量场 $\boldsymbol{F} = \{e^z \cos x, xy^2 z, e^z \sin x\}$ 的散度

   $\operatorname{div} \boldsymbol{F} = $ ＿＿＿＿＿＿.

4. 设曲面 $\Sigma: x^2 + y^2 + z^2 = 1$,则 $\iint\limits_{\Sigma}(1 + x - 2y)dS$

   $= $ ＿＿＿＿＿＿.

5. 数项级数 $\displaystyle\sum_{n=1}^{\infty}\left(\dfrac{1}{\sqrt{n}} - \dfrac{1}{\sqrt{n+1}}\right)$ 的和 $s = $ ＿＿＿＿＿.

二、单项选择题(每小题 3 分,共 18 分)

1. 设有向曲线 L 为 $y = x^2$,从点 $(1, 1)$ 到点 $(0,$

   $0)$,则 $\displaystyle\int_L f(x, y)dy = ($ 　　 $)$.

   (A) $\displaystyle\int_1^0 f(x, x^2)dx$.　　(B) $\displaystyle\int_0^1 2xf(x, x^2)dx$.

   (C) $\displaystyle\int_1^0 f(\sqrt{y}, y)dy$.　　(D) $\displaystyle\int_0^1 f(\sqrt{y}, y)dy$.

2. 设曲面 Σ 质量分布均匀,且曲面 Σ 的面积 $A =$

   $2, \iint\limits_{\Sigma}x dS = 0, \iint\limits_{\Sigma}y dS = 2, \iint\limits_{\Sigma}z dS = 4$,则曲面 Σ 的

   质心是 $($ 　　 $)$.

   (A) $(0, 1, 2)$.　　　　(B) $(2, 1, 0)$.

   (C) $(1, 0, 2)$.　　　　(D) $(1, 2, 0)$.

3. 设曲面 Σ 为 $z = 2(x^2 + y^2 \leqslant 1)$ 的下侧,则下列

   结论中错误的是 $($ 　　 $)$.

   (A) $\iint\limits_{\Sigma}z dx dy = -2\pi$.

   (B) $\iint\limits_{\Sigma}z dx dy = 2\pi$.

   (C) $\iint\limits_{\Sigma}z dy dz = 0$.

   (D) $\iint\limits_{\Sigma}z dz dx = 0$.

4. 设数项级数 $\displaystyle\sum_{n=0}^{\infty}(\ln a)^n$ 收敛,则常数 a 所在的区

   间是 $($ 　　 $)$.

   (A) $(0, e)$.　　　　　(B) $(0, 1)$.

   (C) (e^{-1}, e).　　　　(D) $(0, e^{-1})$.

5. 下列正项级数中收敛的是 $($ 　　 $)$.

   (A) $\displaystyle\sum_{n=1}^{\infty}\dfrac{2^n + 4^n}{3^n}$.　　(B) $\displaystyle\sum_{n=1}^{\infty}\dfrac{n}{n+1}$.

   (C) $\displaystyle\sum_{n=1}^{\infty}\dfrac{1}{n}$.　　　　(D) $\displaystyle\sum_{n=1}^{\infty}\sin\dfrac{1}{n^2}$.

6. 设 $f(x)$ 是以 2π 为周期的函数,在一个周期内,

   $f(x) = \begin{cases} x - 1, & -\pi < x \leqslant 0, \\ x + 1, & 0 < x \leqslant \pi, \end{cases}$ 则 $f(x)$ 的傅

   里叶级数在点 $x = 0$ 处收敛于 $($ 　　 $)$.

   (A) -1.　　　　　　(B) 0.

   (C) 1.　　　　　　(D) $\dfrac{1}{2}$.

三、(5 分) 计算曲线积分 $\displaystyle\int_L x^2 y ds$,其中 L 为连接两

点 $(1, 0)$ 及 $(0, 1)$ 的直线段.

四、（7 分）验证平面力场 $\boldsymbol{F}(x, y) = \cos x \sin y \boldsymbol{i} + \sin x \cos y \boldsymbol{j}$ 所做的功与路径无关，并求质点在力 $\boldsymbol{F}$ 的作用下沿直线 L 从点 $(0, 0)$ 移动到点 $\left(\dfrac{\pi}{2}, \dfrac{\pi}{2}\right)$ 所做的功 W 的值.

五、（7 分）利用格林公式计算曲线积分 $\displaystyle\int_L (2x e^y + 1)\mathrm{d}x + (x^2 e^y + x)\mathrm{d}y$，其中曲线 L 为圆 $x^2 + y^2 = 1$ 的上半部分，从 $A(1, 0)$ 到 $B(-1, 0)$.

六、（5 分）计算曲面积分 $\displaystyle\iint_\Sigma z^2 \mathrm{d}S$，其中 Σ 为圆锥面 $z = \sqrt{x^2 + y^2}$（$0 \leqslant z \leqslant 1$）.

七、（6 分）利用高斯公式计算曲面积分 $\oiint\limits_{\Sigma} y^2\,\mathrm{d}y\mathrm{d}z +$ $x^2\,\mathrm{d}z\mathrm{d}x + z^2\,\mathrm{d}x\mathrm{d}y$，其中 Σ 为圆柱面 $x^2 + y^2 = 1$ 及平面 $z = 0, z = 3$ 所围成的圆柱体 Ω 的整个边界曲面的外侧.

八、（5 分）求幂级数 $\sum\limits_{n=0}^{\infty} \dfrac{n}{3^n}(x-1)^n$ 的收敛区间.

九、（7 分）判别交错级数 $\sum\limits_{n=1}^{\infty}(-1)^{n-1}\dfrac{1}{\sqrt{n+1}}$ 是否收敛？如果收敛，通过推导，指出是绝对收敛还是条件收敛.

十、(9 分) 求幂级数 $\sum\limits_{n=0}^{\infty} \dfrac{(-1)^n}{2n+1} x^{2n+1}$ 的收敛域与和

函数,并求数项级数 $\sum\limits_{n=0}^{\infty} \dfrac{(-1)^n}{2n+1} = 1 - \dfrac{1}{3} + \dfrac{1}{5} -$

$\dfrac{1}{7} + \cdots + \dfrac{(-1)^n}{2n+1} + \cdots$ 的和.

十一、(6 分) 将函数 $f(x) = \dfrac{1}{x^2 - 3x + 2}$ 展开成 x

的幂级数,并指明收敛区间.

十二、(5 分) 设级数 $\sum\limits_{n=1}^{\infty} a_n^2$ 收敛,证明级数 $\sum\limits_{n=1}^{\infty} \dfrac{a_n}{n}$ 绝

对收敛.